高职高专电子信息类专业课改系列教材

电路分析基础

主　编　李益民
副主编　陈海松　熊建平　韩秀清
主　审　张永枫

西安电子科技大学出版社

内 容 简 介

本书共分为7章,主要内容有电路模型和基本定律、电路的分析方法、正弦交流电路、三相正弦交流电路、电路的暂态分析、电路测试基本技能训练和PROTEUS电路仿真。

在章节安排上,不仅突出了电路理论最重要的基础内容和知识体系,同时也侧重学生关于电路知识的基本技能训练,将理论与实践、实物电路与仿真电路相结合,使学生更进一步理解电路的相关概念并提高应用能力。

本书的特点是强调基础,突出应用,注重实践和技能培养。本书可作为高等职业院校电子信息类以及机电类专业,职工大学、函授大学、电视大学等相关专业的电技术基础课的教材,也可供有关工程技术人员参考,任课老师可根据具体学时自行增删相关内容。考虑到学生自学方便,本书文字力求简练,通俗易懂,习题类型丰富,详略得当,书末附有习题参考答案,便于师生参考。

图书在版编目(CIP)数据

电路分析基础/李益民主编.
—西安:西安电子科技大学出版社,2012.8(2023.9重印)
ISBN 978 - 7 - 5606 - 2850 - 9

Ⅰ. ① 电⋯ Ⅱ. ① 李⋯ Ⅲ. ① 电路分析—高等职业教育—教材
Ⅳ. ① TM133

中国版本图书馆 CIP 数据核字(2012)第 149036 号

策 划 毛红兵
责任编辑 刘玉芳 毛红兵
出版发行 西安电子科技大学出版社(西安市太白南路2号)
电 话 (029)88202421 88201467 邮 编 710071
网 址 www.xduph.com 电子邮箱 xdupfxb001@163.com
经 销 新华书店
印 刷 广东虎彩云印刷有限公司
版 次 2012 年 8 月第 1 版 2023 年 9 月第 4 次印刷
开 本 787 毫米×1092 毫米 1/16 印张 12
字 数 278 千字
印 数 5001~5500 册
定 价 31.00 元
ISBN 978 - 7 - 5606 - 2850 - 9/TM

XDUP 3142001 - 4

＊＊＊如有印装问题可调换＊＊＊

前　言

"电路分析基础"是电类相关专业学生最重要的专业基础课程之一,学习本课程的任务是使学生掌握电路基本理论和基本分析方法,为学习"模拟电子技术"、"数字电子技术"等后续课程打下必要的基础,并为今后的工程实践培养一定的操作技能。

本书是根据高职高专电子信息类等相关专业对"电路分析基础"课程教学改革的基本要求并结合编者多年的教学体会和经验而编写的。

本书共分为7章,其中第1章至第5章主要介绍电路理论的核心内容和电路的基本分析方法,在内容安排上,对基础理论不贪多求全,以够用为度,会用为本;第6章是电路测试基本技能训练,内含9个实训项目,这些实训项目选题广泛,通过这些基本技能实训项目可让学生更好地理解电路方面的基本知识,掌握电路中常用器件的识别与测试方法,熟悉常用工具和仪器设备的使用,使学生能够独立运用它们分析和解决在后续专业课学习及实际工作中出现的一些问题;第7章主要介绍 PROTEUS 电路仿真软件及仿真过程。电路仿真是最重要的电路辅助分析过程,本书简明扼要地介绍了当前比较流行的电路仿真软件PROTEUS 的工作界面、编辑环境和电路原理图设计步骤,最后结合几个电路典型实训进行基于 PROTEUS 的电路仿真。

本书的内容体系安排灵活,将理论教学与实践教学融于一体,突出教、学、做相结合的教学模式,既可以先讲述理论知识再做对应的实训项目,又可以先做实训项目让学生感性认识,从中引导出相关的理论问题,激发出学生"解决"这些问题的欲望,继而展开基础理论教学,保证理论教学与实践教学同步进行。

本书内容取材恰当,满足"电路分析基础"课程标准和教学要求,基本概念描述准确,对于必要的数学推导,简捷明了,结论醒目,便于学生掌握。本书的特点是强调基础,突出应用,注重实践和技能培养。书末附有完整的习题参考答案,用以检验学习效果。

本书教学学时数在 60～80 之间(含实训)。具体安排如下:第1章8～10学时,第2章10～14学时;第3章10～12学时;第4章6～8学时;第5章4～6学时,第6章18～22学时,第7章4～8学时,使用者可根据具体情况增减学时。

本书由深圳职业技术学院电子技术教研室老师负责编写,其中李益民老师编写第1章、第2章、第6章并进行总体策划、电路图绘制及全书统稿;陈海松和韩秀清老师共同编写第3章、第4章及附录;熊建平老师编写第5章、第7章;全书由张永枫老师主审。

　　在本书编写过程中得到了深圳职业技术学院王瑾、何惠琴、刘丽莎、马鲁娟、宋志家、冯裕和西安电子科技大学出版社毛红兵、刘玉芳老师的大力帮助，在此向为本书出版作出贡献的朋友们表示衷心的感谢。

　　由于我们水平有限，书中不当之处在所难免，恳请广大读者积极提出批评和改进意见。

编　　者

2012 年 4 月

目　　录

第 1 章　电路模型和基本定律

本章主要讨论电路模型和电路的基本物理量及其参考方向的概念，阐述三种无源元件（电阻元件、电容元件和电感元件）和两种有源元件（电压源与电流源）的物理特性和伏安关系，说明电路在不同状态下的工作情况以及电路必须遵循的基尔霍夫定律等。

1.1　电路和电路模型

1.1.1　电路的组成及作用

1. 电路的组成

电路是为了某种需要由若干电工设备或元件按一定方式组成的总体，是电流的通路。在生产实践中所使用的各种电路都是由实际的电气元器件组成的，常见的有电阻器、电容器、电感线圈、晶体管、变压器等。

电路一般由电源、负载及中间环节三部分组成。

（1）电源。电源是将其他形式的能量转换成电能的装置，如发电机、电池等，其中，发电机可将机械能转换成电能；电池可将化学能转换成电能。随着科学技术的日益发展和各种能源的充分开发，如水力资源、原子能、太阳能、地热、潮汐、风能等都已成为电能的来源。各种信号源也可称为电源。

（2）负载。负载是用电设备的统称，是将电能转换成其他形式能量的装置，如日光灯、电动机、电炉、扬声器等。

（3）中间环节。中间环节是指连接电源和负载的中间部分，起着传输、控制和分配电能的作用，如输电线、变压器、配电装置、开关、熔断器及各种保护和测量装置等。电路中由负载和连接导线等中间环节组成的部分称为外电路，而电源内部的通路则称为内电路。

手电筒的电路就是一个最简单的实际电路，它由电池、电珠、开关和筒体组成。电池中储存的化学能转变为电能后，经过开关和筒体传输给电珠使之发光。在这里，电池是电源，电珠是负载，而开关和筒体（传输导体）是中间环节。又如收音机的电路，它由天线、晶体管、电阻器、电容器和扬声器等组成，它的工作原理是：把天线接收到的信号经过中间电路的处理和放大，然后推动扬声器工作使之播放出声音。在这个电路里，天线就可看做是一种电源（信号源），扬声器把电能转换为声能，就是一种负载，而各种中间的处理和放大电路等就可看做是中间环节。

2. 电路的作用

在现代化的生产和科学技术领域中，电路用于完成控制、计算、通信、测量以及发电、配电等各方面的任务。虽然实际电路种类繁多、功能各异，但从抽象和概括的角度来看，电路的作用主要体现在以下两个方面。

（1）实现电能的输送和变换。电力系统电路示意图如图 1.1.1 所示，它主要用于传送、分配和变换电能。发电厂的发电机组将热能、水能和核能等转换成电能，通过输电导线和变电所中的升压或降压变压器将电能输送到各用电设备，再根据需要将电能转换成机械能、热能和光能等其他形式的能量。

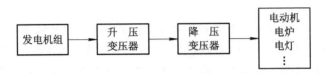

图 1.1.1　电力系统电路示意图

（2）实现信号的传递和处理。常见的电视机电路示意图如图 1.1.2 所示。它通过接收装置把载有语言、文字、音乐、图像的电磁波接收后转换为相应的电信号，然后通过多种中间电路环节将信号进行传递和处理，送到显示器和扬声器后还原为原始信息。

图 1.1.2　电视机电路示意图

无论一个具体电路的作用怎样，其中电源或信号源的电压或电流都称为电路的激励，它推动电路工作；由激励在电路中各部分产生的电压或电流称为电路的响应。已知激励求响应，称为电路的分析；已知响应求激励，称为电路的综合或设计。

总之，在电路中，随着电流的通过，进行着将其他形式的能量转换成电能、传输和分配电能以及将电能转换成所需要的其他形式能量的过程。

1.1.2　电路模型

实际的元器件是多种多样的，它们在工作中往往表现出较复杂的电磁性质。通常，一种电路元件往往兼具两种以上的电磁特性，例如一个白炽灯，它除了具有消耗电能的电阻特性外，还具有一定的电感性，但其电感很微小；电池工作时除了将化学能转变为电能产生电动势外，在它的内阻上也消耗了一部分电能，因而又具有一定的电阻特性。为了便于对实际电路进行数学描述和分析，需将实际元件理想化（或称为模型化），即在一定条件下突出其主要的电磁性质，忽略其次要因素，把它近似地看做理想电路元件。因此，理想电路元件就是具有某种确定的电磁性质的假想元件，它是一种理想化的模型并具有精确的数学定义。

理想电路元件包括理想无源元件和理想有源元件。前者包括理想电阻、理想电感和理想电容；后者包括理想独立电源和理想受控电源。

如果一个实际的元器件同时具有几种不可忽略的电磁性质，就可用多个理想电路元件及其组合来近似地代替这个实际的元器件。例如一个实际电池就可由一个理想电源元件和一个理想电阻元件串联而成。同样，对于一个实际电路，其电路模型就是由一些相关的理想电路元件组成的。例如手电筒电路，它的电路模型如图 1.1.3 所示，其中电珠是电路的负载，可理想化为电阻元件，其参数为电阻 R；干电池是电源元件，可理想化为理想电压源 U_s 和内阻 R_s 串联的组合模型；筒体和开关是连接干电池和电珠的中间环节，其电阻可忽略不计，认为是一无电阻的理想导体。

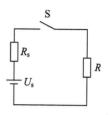

为了叙述简便，在以后的章节中常把"理想"二字省略，如无特殊说明，"元件"就是"理想元件"的简称。需要说明的是，在不同的条件下，同一实际元件可能要用不同的电路模型来模拟。

图 1.1.3 手电筒的电路模型

型来模拟。例如当频率较高时，线圈绕线之间的电容效应就不容忽视，这种情况下表征这个线圈的较精确的电路模型还应当包含电容元件。实践证明，只要电路模型选取恰当，按照模型电路分析计算所得的结果与对应的实际电路中测量所得的结果基本上是一致的，不会造成较大的误差。

1.2 电路的基本物理量及其参考方向

无论哪一种电路，在实现它的能量转换时，都要涉及电流、电压、电动势和电功率等物理量。对电路进行分析和计算即是对这些量的分析和计算，因此有必要首先掌握这些基本物理量的概念及有关参考方向的含义。

1.2.1 电流及其参考方向

1. 电流

电荷在电场力的作用下进行定向移动形成电流。正电荷移动的方向（或负电荷移动的反方向）规定为电流的实际方向。电流的大小（强弱）用电流强度来衡量，它的定义为单位时间内通过导体横截面的电荷量。电流强度通常简称为电流，用字母 i 表示，即

$$i = \frac{\mathrm{d}q}{\mathrm{d}t} \tag{1.2.1}$$

式中，$\mathrm{d}q$ 为在极短时间 $\mathrm{d}t$ 内通过导体横截面的电荷量。电路中经常遇到各种类型的电流，若式(1.2.1)中 $\mathrm{d}q/\mathrm{d}t$ 为一常数，即表示电流的大小和方向都不随时间而变化，这时称之为恒定电流，简称直流，一般用大写字母 I 表示；而随时间变化的电流则用小写字母 i 表示，例如正弦电流就是其中的一种。

直流电流 I 的表达式可以写为

$$I = \frac{Q}{t} \tag{1.2.2}$$

在国际单位制中，Q 为电荷量，其单位为库仑(C)；t 为时间，单位为秒(s)；I 为电流，其单位为安培，简称安(A)。当计量微小的电流时，常以毫安(mA)或微安(μA)为单位：

$$1\ \mathrm{A} = 10^3\ \mathrm{mA} = 10^6\ \mu\mathrm{A}$$

2. 电流的参考方向

电流的方向是客观存在的。在简单电路中，电流的实际方向是很容易判别的，但在分析和计算较为复杂的电路时，往往难于判断某支路中电流的实际方向，有时电流的方向还随时间而变化（如正弦电流），在电路图中也无法用一个固定的箭标来表示它的实际方向。

因此，我们在分析和计算电路时，可任意选定某一方向为电流的参考方向，或称为正方向，如图 1.2.1 所示。

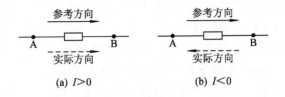

(a) $I>0$ (b) $I<0$

图 1.2.1　电流的参考方向

需要强调的是，所选的电流参考方向并不一定与电流的实际方向相同。如果电流的参考方向与实际方向相同，电流 I 的值为正；若电流的参考方向与实际方向相反，电流 I 就为负值，如图 1.2.1 所示。因此，只有当参考方向选定以后，电流才可成为一个代数量，这时讨论电流的正负才有意义，而后也可以根据电流的正负来确定电流的实际方向。

电流的参考方向除用箭标表示外，还可以用双下标表示，如用 I_{AB} 表示电流的参考方向是由 A 流向 B；若参考方向为由 B 流向 A，则为 I_{BA}。I_{AB} 和 I_{BA} 两者间相差一个负号，即

$$I_{AB} = - I_{BA} \tag{1.2.3}$$

本书电路图中所标的电流方向均是指参考方向。对于电路的分析和计算来说，注明参考方向是非常重要的，我们必须养成在分析电路时首先标出有关电量的参考方向的习惯。

1.2.2　电压、电动势及其参考方向

1. 电压和电动势

在图 1.2.2 中，设 a 和 b 是电源的两个电极，a 带正电、b 带负电，则在 a、b 间会产生一个电场，其方向由 a 指向 b，若用导体(连接线和负载)将 a、b 连接起来，则在电场力的作用下，正电荷由 a 经外电路流向 b，电场力对正电荷做了功。为了表明电场力对电荷做功的能力，我们引入电压这一物理量，它可表述为：a、b 两点间的电压 U_{ab} 在数值上等于电场力把单位正电荷从电场内的 a

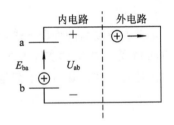

图 1.2.2　电荷的回路

点移动到 b 点所做的功。我们规定电场力将单位正电荷从电场内的 a 点移动至无限远处所做的功称为 a 点的电位 V_a，因为在无限远处的电场为零，故其电位也为零。由此可见，a、b 两点间的电压就是 a、b 两点间的电位差，即有

$$U_{ab} = V_a - V_b \tag{1.2.4}$$

为了维持恒定的电流不断地在电路中通过，必须使 a、b 两点间的电压保持恒定，因此就需要一种外力来克服电场力的阻碍，使得通过外电路不断到达 b 极上的正电荷经内电路流向 a 极。电源就能产生这种外力，我们有时称之为电源力。电动势 E 就是用来衡量电源力对电荷做功的能力的物理量，电源的电动势 E_{ba} 在数值上等于电源力把单位正电荷从电源的低电位端 b 经过电源内部移到高电位端 a 所做的功。在电源力的作用下，电源不断地把其他形式的能量转换为电能。

在国际单位制中，若电场力将 1 库仑(C)的正电荷从电场内的 a 点移动到 b 点所做的

功为 1 焦耳(J)时，则定义 a、b 间的电压为 1 伏特(V)。电压、电位和电动势的单位都是伏特，简称伏(V)，有时还需用千伏(kV)、毫伏(mV)和微伏(μV)作单位。

2. 电压和电动势的参考方向

对于电压、电动势的实际方向，我们首先作如下规定：电压的实际方向规定为由高电位端指向低电位端，即为电位降低的方向；而电动势的实际方向是指在电源内部由低电位端指向高电位端，即为电位升高的方向。在电路图中所标的电压 U 和电动势 E 的方向都是指它们的参考方向。电压的参考方向是任意指定的，在电路图中，电压的参考方向用"＋"、"－"极性来表示，正极指向负极的方向就是电压的参考方向，如图 1.2.3 所示。

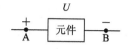

图 1.2.3　电压的参考方向

有时为了图示方便也可以用双下标表示，如 U_{AB} 就表示 A 和 B 之间的电压的参考方向由 A 指向 B。

电动势 E 的参考方向也可以分别用"＋"、"－"极性或双下标来表示。由于我们在前面对电压和电动势的实际方向作过一些规定，因此，在电路中标明电动势 E 的参考方向时，我们要注意区别它与电压 U 的参考方向间不同的内在含义。例如在图 1.2.4 中，电压 U 的参考方向和实际方向一致，故为正值；电压 U' 的参考方向与实际方向相反，故为负值；在电源内部，由于此时电动势 E 的参考方向是由低电位端指向高电位端，这和规定的电动势的实际方向相同，故 E 的值为正值。

在图 1.2.4 所示的闭合电路时，当电流流通时会在电源的内阻 R_s 上产生 0.2 V 的电压降，故这时的端电压 U 为 2.8 V。

我们今后在列写电路方程时，一定要弄清电压和电动势的不同概念，不要造成混淆和错误。在分析电路时，电压和电流的参考方向的选定本是独立无关的，但有时为了分析问题方便起见，我们常把两者的参考方向取为一致，如图 1.2.5 所示。

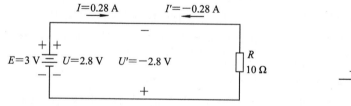

图 1.2.4　电流、电压及电动势的参考方向

图 1.2.5　电压和电流的关联参考方向

我们把电压 U 和电流 I 的这种参考方向称为关联参考方向。如果 U 和 I 的参考方向选的相反时，则称为非关联参考方向。

1.2.3　功率与电能

功率和电能是电路中的两个重要的物理量。下面以直流电流为例，简单讨论一下这两个物理量的基本概念。

1. 功率

功率定义为单位时间内能量的变化，也就是能量对时间的导数，即

$$P = \frac{\mathrm{d}W}{\mathrm{d}t} \tag{1.2.5}$$

在直流电路中，若电路中某元件两端的电压和其中的电流已求得，则此元件的功率就可以计算出来，此时功率用大写字母 P 表示。当电压 U 和电流 I 取关联参考方向时，有

$$P = UI \tag{1.2.6}$$

若算得 $P>0$，说明电场力对电荷做功，表明元件此时是在吸收或者说是消耗功率，它在实际电路中起负载作用；如果 $P<0$，则说明外力对电荷做功，这时元件是在产生或者说是释放功率，它在实际电路中起电源作用。反之，当 U 和 I 取非关联参考方向时，如果仍然规定元件消耗功率时 $P>0$，产生功率时 $P<0$，则功率的计算公式应相应改为

$$P = -UI \tag{1.2.7}$$

关于这个问题，也可直观地根据电压和电流的实际方向来确定某一电路元件是电源还是负载。

如果 U 和 I 的实际方向相反，电流从电压实际极性的高电位端流出，则表明是产生功率，此元件为电源；

如果 U 和 I 的实际方向相同，电流从电压实际极性的高电位端流入，则表明是消耗功率，此元件为负载。

若电压的单位为伏，电流的单位为安，则功率的单位为瓦特，简称瓦（W），有时还可用千瓦（kW）、毫瓦（mW）作单位。

2. 电能

功率 P 是能量的平均转换率，有时也称之为平均功率。对于发电设备（电源）来说，功率是单位时间内所产生的电能；对于用电设备（负载）来说，功率就是单位时间内所消耗的电能。

如果用电设备功率为 P，使用的时间为 t，则该设备消耗的电能为

$$W = Pt = UIt \tag{1.2.8}$$

若功率的单位为瓦（W），时间的单位为秒（s），则电能的单位就为焦耳（J）。当功率的单位为千瓦（kW），时间的单位为小时（h），则电能的单位就是千瓦·小时（kW·h），俗称"度"。一度电就相当于一千瓦小时的电能。

1 度电 = 1 kW·h = 1000 W×3600 s = 3 600 000 J

我们在前面已陆续提到了电路中的一些基本物理量及其单位，但在实际应用中有时会感到这些单位太大或太小，使用不便，因此，常在这些单位前加上如表 1.2.1 所示的词头，用来表示这些单位乘以 10^n 后所得的辅助单位。例如

表 1.2.1 部分国际制词头

词头		皮可	纳诺	微	毫	千	兆	吉咖	太
符号	中文	皮	纳	微	毫	千	兆	吉	太
	国际	p	n	μ	m	k	M	G	T
因数		10^{-12}	10^{-9}	10^{-6}	10^{-3}	10^3	10^6	10^9	10^{12}

1 毫安（mA）= 10^{-3} 安（A）

1 微秒（μs）= 10^{-6} 秒（s）

$$1 兆瓦 (MW) = 10^6 (W)$$

3. 功率的平衡

电路在实际工作时，各电源元件产生或发出的功率之和必定等于各负载元件吸收或消耗的功率之和，这就是功率的平衡。从能量的角度来看，也可以说各电源元件产生或发出的电能之和必定等于各负载元件吸收或消耗的电能之和，这就是电能量的守恒。电能不可能自生自灭，电源产生或发出的电能必定可以通过其他的元件和途径加以吸收或消耗。因此，当我们分析一个电路时，可以根据电路中各元件的电压和电流的参考方向计算出它们的电压和电流的数值，而后根据这些数值来判别电路中哪些元件是电源，哪些元件是负载，最后检验是否满足功率的平衡。

功率平衡的检验是判断计算结果正误的一个很重要的途径。

值得注意的是，我们在分析电路时可能会遇到多个相同或不同的电源形式，那么这多个"电源"元件是否在这个实际电路中就一定起电源作用呢？答案是不一定，这同样要借助这些"电源"元件的电压和电流的值来判定。可能这些"电源"元件在电路中全部实际起电源作用；也可能其中部分实际起电源作用，另外一些实际起负载作用；但绝不可能全部都起负载作用。

例 1.2.1　在如图 1.2.6 所示的电路中，五个元件代表电源或负载，有关元件的电压和电流的参考方向如图 1.2.6 中所示，现通过测量已知：$I_1 = -2$ A，$I_2 = 3$ A，$I_3 = 5$ A，$U_1 = 70$ V，$U_2 = -45$ V，$U_3 = 30$ V，$U_4 = -40$ V，$U_5 = 15$ V。试计算各元件的功率，判断各元件是电源还是负载，并检验是否满足功率的平衡。

解　取元件 1、2、3、4、5 的电压和电流的参考方向为关联参考方向，则它们的功率分别为

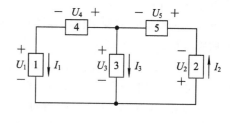

图 1.2.6　例 1.2.1 图

$$P_1 = U_1 I_1 = 70 \times (-2) = -140 \text{ W}$$
$$P_2 = U_2 I_2 = (-45) \times 3 = -135 \text{ W}$$
$$P_3 = U_3 I_3 = 30 \times 5 = 150 \text{ W}$$
$$P_4 = U_4 I_1 = -40 \times (-2) = 80 \text{ W}$$
$$P_5 = U_5 I_2 = 15 \times 3 = 45 \text{ W}$$

由计算结果可知：元件 1、2 功率为负，表示这两个元件产生功率，为电源；元件 3、4、5 功率为正，表示这三个元件消耗功率，为负载。

电源发出的功率为

$$140 + 135 = 275 \text{ W}$$

负载消耗的功率为

$$150 + 80 + 45 = 275 \text{ W}$$

可见，在一个电路中，电源产生的功率和负载消耗的功率总是平衡的。

1.2.4　电路基本物理量的额定值

各种电气设备的电流、电压、功率等物理量都有一个额定值，例如一盏电灯的电压是交流 220 V、功率为 60 W，这就是该灯泡的额定值。

额定值是设计和制造单位为了使产品在给定的工作条件下正常运行而规定的正常容许

值，是对产品的使用规定。只有按照额定值使用电气设备才能保证该设备安全可靠、经济合理地运行。额定值通常以下标 N 表示，如额定电流 I_N、额定电压 U_N、额定功率 P_N 等。

1. 额定电流 I_N

当电气设备电流过大时，由于电流的热效应过剧使得电气设备温度太高，就会加速绝缘材料的老化、变质，如橡皮硬化、绝缘纸和纱带烧焦、漆包线的漆层脱落等，从而引起漏电或线圈短路，甚至烧坏设备。为了使电气设备在工作中的温度不超过规定的最高工作温度，就对其最大容许电流作了限制，通常把这个限定的电流值称为该电气设备的额定电流 I_N。

2. 额定电压 U_N

电气设备的绝缘材料如果承受的电压过高，一方面其绝缘性能会受到损害，有可能产生绝缘击穿现象而毁坏电气设备；另一方面，电压过高也会引起电流过大。为了限制绝缘材料所承受的电压，对每一电气设备规定了限定的工作电压值，通常把这个限定的电压值称为该电气设备的额定电压 U_N。

当我们使用电气设备时，首先要看清楚电气设备的额定电压与电源电压是否相符。如果电气设备使用时的电压和电流值低于它们的额定值，也不能正常合理地工作，或者说不能使设备达到预期的工作效果。

3. 额定功率 P_N

综合考虑到电气设备的额定电流和额定电压，对电气设备也规定了最大容许功率，称之为额定功率 P_N。

电气元件或设备的额定值常标注在铭牌上或写在说明书中，使用前一定要认真查看并核对铭牌数据。

值得说明的是，电气设备在工作时的实际值尤其是电流和功率的实际值不一定等于额定值，这要由电气设备及其负载的性质及大小而定。一般来说，对于诸如灯泡、电阻炉之类的用电设备，只要在额定电压下使用，其电流和功率都将达到额定值，简称为满载状态；但是对于电动机、变压器等这一类电气设备来说，虽然也在额定电压下使用，但其电流和功率可能达不到额定值，简称为欠载状态；也可能超过额定值，简称为过载状态。这是因为电动机的电流和输出功率还要取决于它所带的机械负荷，而变压器的电流和输出功率还要取决于它所带的电负荷。电气设备虽然在额定电压下工作，但仍然存在过载的可能性，如果过载时间长，则可能使得电气设备损坏。一般在实际工作中，为了防止发生过载情况，除应合理地选择电气设备容量外，电路中还常装有过载保护装置，必要时自动断开过载的电气设备。

例 1.2.2　一只 220 V、100 W 的白炽灯，接在 220 V 的交流电源上，求其额定电流和灯丝的电阻。

解　因接在 220 V 的额定电压上，此时白炽灯工作于额定工作状态，则

$$I_N = \frac{P_N}{U_N} = \frac{100}{220} \approx 0.45\ \text{A}$$

$$R = \frac{U_N^2}{P_N} = \frac{220^2}{100} = 484\ \Omega$$

例 1.2.3 有两个电阻，其额定值分别为 40 Ω、10 W 和 200 Ω、40 W，试问它们允许通过的电流是多少？如将两者串联起来，其两端最高允许电压可加多大？

解 因 $P_N = I_N^2 R$，故有

$$I_{N1} = \sqrt{\frac{P_{N1}}{R_1}} = \sqrt{\frac{10}{40}} = 0.5 \text{ A}$$

$$I_{N2} = \sqrt{\frac{P_{N2}}{R_2}} = \sqrt{\frac{40}{200}} \approx 0.447 \text{ A}$$

将两者串联起来后，允许通过的最高电流只能以较小的那个额定电流为参考值，故两端最高允许电压为

$$U = I_{N2}(R_1 + R_2) = 0.447 \times (40 + 200) = 107.28 \text{ V}$$

我们今后在选用电阻时，不能只片面地考虑阻值，还应注意考虑其允许耗散的功率。

1.3　无　源　元　件

一般来说，电路中除了存在产生电能的过程外，还普遍存在着两种基本的能量转换过程，即电能的消耗、电场和磁场能量的储存和转换过程。用来表征电路中上述两种物理特性的元件分别是电阻 R、电容 C 和电感 L，由于这三种元件本身不产生电能，故又把它们称为无源元件。

1.3.1　电阻元件

电阻元件是实际电阻器的理想化模型。常用的实际电阻器有金属膜电阻器、碳膜电阻器、线绕电阻器以及白炽灯和电炉等。

在电阻元件 R 两端施加电压 u，则其中就有电流 i 流过，我们把电压 u 与电流 i 之间的关系曲线称为电阻元件的伏安特性曲线。如果这条曲线是通过坐标原点的一条直线，如图 1.3.1 所示，则称此电阻元件为线性电阻元件，在今后的章节中，如无特殊说明，我们一般都将其简称为电阻元件，它的电路图形符号如图 1.3.2 所示。

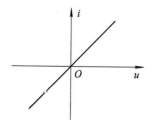

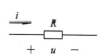

图 1.3.1　线性电阻元件的伏安特性　　　　图 1.3.2　线性电阻的电路图形符号

如果某电阻元件的伏安特性曲线不是通过坐标原点的一条直线，称之为非线性电阻元件，关于非线性电阻元件，将在以后的章节中加以叙述。

线性电阻元件的端电压 u 与通过它的电流 i 成正比，满足欧姆定律。在 u 和 i 为关联参考方向时，欧姆定律可写为

$$u = Ri$$

$$(1.3.1)$$

式中，R 称为电阻元件的电阻，它是联系电阻元件两端电压与电流的一个非常重要的电气参数。线性电阻元件的阻值可由它的伏安特性的斜率来确定，是一个常数。

电阻的单位为欧姆(Ω)，阻值较大时还常用千欧($k\Omega$)、兆欧($M\Omega$)作为单位。

若令 $G=\dfrac{1}{R}$，则式(1.3.1)变成

$$i = Gu \qquad\qquad (1.3.2)$$

或

$$G = \frac{i}{u} \qquad\qquad (1.3.3)$$

式中，G 称为电阻元件的电导，它表明了电阻元件的导电能力，R 越小，则 G 越大，导电能力就越强。电导的单位为西门子，简称西(S)。

如果电阻元件两端电压与其中电流的参考方向相反，也就是取非关联参考方向，如图1.3.3 所示，则欧姆定律须修正为

$$u = -Ri \qquad (1.3.4)$$

或

$$i = -Gu \qquad (1.3.5)$$

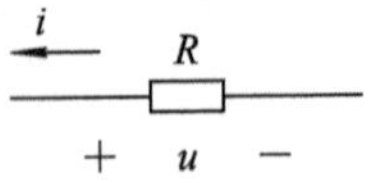

因此在使用上述公式时，一定要注意必须和参考方向配套使用。

图 1.3.3　u 和 i 为非关联参考方向

由式(1.3.1)可看出，在任何时刻线性电阻元件的电压(或电流)完全由同一时刻的电流(或电压)所决定，而与该时刻以前的电流(或电压)的各种值无关。基于这种意义，我们有时也把电阻元件说成是一种"无记忆"的元件。

在电压和电流为关联参考方向时，任何时刻线性电阻元件吸收的电功率为

$$P_R = ui = Ri^2 = \frac{u^2}{R} = Gu^2 \qquad\qquad (1.3.6)$$

由式(1.3.6)可见，由于 R、G 都为正实常数，故 P 与 i^2 或 u^2 成正比，并总是大于或等于零。这就说明在任何时刻线性电阻元件都不可能发出电能，而是将吸收的电能全部转换成其他非电能量(如热能、光能等)消耗掉，因此它总是一种耗能元件。

在直流电路的分析中，可按式(1.3.7)计算线性电阻元件所消耗的功率，这时用大写 P来表示其平均功率。

$$P_R = UI = I^2R = \frac{U^2}{R} = GU^2 \qquad\qquad (1.3.7)$$

1.3.2　电容元件

电容器是电路中应用得十分广泛的元件之一。

用绝缘介质隔开的两个极板(或导体)就构成了电容器。在外电源作用下，电容器两个极板上可以分别聚集等量的异性电荷，而当外电源撤去后，极板上的电荷虽能依靠电场力的作用互相吸引，但因中间被绝缘介质所隔开而不能中和，这样电荷便可长期地储存起来。电荷聚集的过程就是电场建立的过程，在这过程中外力所做的功应等于电容器中所储存的能量，因此电容器是一种储能元件，它储存的是电场能量。

电容元件是实际电容器的理想化模型。常用的实际电容器有纸介电容器、瓷介电容器、电解电容器、云母电容器和薄膜电容器等。

如果设电容器极板上充有电荷 q，端电压为 u，则其比值就称为电容器的电容，用字母

C 表示,即

$$C = \frac{q}{u} \tag{1.3.8}$$

如果把电容元件的电荷 q 和端电压 u 取为平面内的两坐标轴,画出的电荷 q 与电压 u 的关系曲线就称为该电容元件的库伏特性。若某电容元件的库伏特性是通过坐标原点的一条直线,如图 1.3.4 所示,即该电容元件的电容值是一个正实常数,我们就称该电容元件为线性电容,其电路图形符号如图 1.3.5 所示。本书仅讨论线性电容元件。

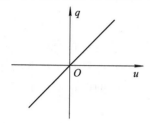

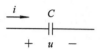

图 1.3.4　线性电容元件的库伏特性　　　　图 1.3.5　线性电容的电路图形符号

在国际单位制中,电容的单位为法拉,简称法(F)。由于法拉的单位在工程应用中显得太大,还常采用微法(μF)和皮法(pF)等较小的单位。它们的关系如下

$$1\ \mu\text{F} = 10^{-6}\ \text{F}$$
$$1\ \text{pF} = 10^{-12}\ \text{F}$$

电容元件只有当极板上的电荷量 q 发生变化时,与电容元件相连接的导线中才有电荷运动从而形成电流,即

$$i = \frac{\mathrm{d}q}{\mathrm{d}t} \tag{1.3.9}$$

又因 $q = Cu$,故在 u、i 为关联参考方向的前提下,有

$$i = C\frac{\mathrm{d}u}{\mathrm{d}t} \tag{1.3.10}$$

式(1.3.10)反映了电容元件中电流与其两端电压之间的约束关系,它表明只有当电容元件两端的电压发生变化时,电容元件中才有电流通过,电压变化得越快,电流也就越大。

在直流稳定工作状态时,由于电容两端电压恒定,根据式(1.3.10)可知这时电容中电流为零,即相当于开路状态,换句话说,电容元件具有隔断直流电流的作用。

式(1.3.10)如写成积分形式,则为

$$u = \frac{1}{C}\int_{-\infty}^{t} i\ \mathrm{d}t = \frac{1}{C}\int_{-\infty}^{0} i\ \mathrm{d}t + \frac{1}{C}\int_{0}^{t} i\ \mathrm{d}t$$
$$= u(0) + \frac{1}{C}\int_{0}^{t} i\ \mathrm{d}t \tag{1.3.11}$$

式(1.3.11)中 $u(0)$ 是 $t = 0$ 时电容元件上电压的初始值,即在电流 i 对电容元件充电之前,电容元件上原有的电压。

式(1.3.11)表明,在任意时刻 t,电容两端电压 u 是与初始电压值 $u(0)$ 以及从 0 到 t 的所有电流值有关的,直观来说,电容元件是一种"记忆"元件。

我们还需讨论一下电容元件的功率问题。当 u 和 i 取关联参考方向时,电容元件吸收的功率为

$$P_C = ui = Cu \frac{\mathrm{d}u}{\mathrm{d}t} \qquad (1.3.12)$$

从 0 到 t 时间内，电容元件吸收的电能为

$$W_C = \int_0^t P_C \, \mathrm{d}t = \int_0^t Cu \frac{\mathrm{d}u}{\mathrm{d}t} \mathrm{d}t = C \int_{u(0)}^{u(t)} u \, \mathrm{d}u = \frac{1}{2}Cu^2(t) - \frac{1}{2}Cu^2(0) \quad (1.3.13)$$

如果设 $t=0$ 时刻电容元件原有电压 $u(0)$ 为 0，则式 (1.3.13) 可写为

$$W_C = \frac{1}{2}Cu^2(t) \qquad (1.3.14)$$

式 (1.3.14) 说明，电容元件储存的电场能量与其端电压有关。当电压增高时，储存的电场能量增加，电容元件从电源吸收能量，相当于被充电；当电压降低时，储存的电场能量减少，电容元件释放能量，相当于放电。由此可见，电容元件只有储存电场能量的性质而不消耗能量，故称它是一种储能元件；另外，电容元件释放的能量不可能多于它所储存的能量，从这一点看，它又可称为一种无源元件。

通过上述分析，可以看到电容元件还具有一个十分重要的特性，即在一般情况下，亦即无冲激函数的激励下，电容电压的变化具有连续性，不能发生跃变。如果电容电压发生跃变，则电流必然为无穷大，这当然是不可能的，因为电路总要受到基尔霍夫电流定律及其他相关元件的制约；从能量的角度来看，如果电容电压发生跃变，则它所储存的电场能量必然发生跃变，而能量跃变必须有无穷大的输入功率，这当然也是不可能的。

1.3.3 电感元件

当导线中有电流通过时，就在其周围产生磁场，并且该磁场具有一定的能量，我们称之为磁场能量。

在电工技术中，常把导线绕成线圈的形式，以增强线圈内部的磁场来满足某种实际工作的需要，这样的线圈称为电感线圈或电感器。电感元件就是实际电感器的理想化模型。

当电感线圈通以电流 i 时，其周围便产生磁场，在图 1.3.6 中，若线圈的匝数为 N 匝，并且绕得比较集中，则可认为通过各匝的磁通大体相同。设穿过一匝线圈的磁通为 ϕ，则与 N 匝线圈都交链的总磁通为 $N\phi$，我们称之为磁通链，并用符号 ψ 表示。

$$\psi = N\phi \qquad (1.3.15)$$

ϕ 和 ψ 都是由线圈本身的电流产生的，故分别称为自感磁通和自感磁通链。那么，磁通和产生磁通的电流之间存在何种关系呢？若规

图 1.3.6 电感元件

定磁通链 ψ 的参考方向与电流 i 的参考方向之间满足右手螺旋定则，在这种情况下，电感元件的自感磁通链 ψ 与元件中电流 i 之间存在如下关系

$$\psi = Li \qquad (1.3.16)$$

式中，L 称为电感元件的自感或电感。

在 ψ 与 i 构成的坐标平面上，可以画出磁通链 ψ 与电流 i 之间的关系曲线，我们称之为该电感元件的韦安特性曲线。如果某电感元件的韦安特性曲线是一条通过坐标原点的直线，如图 1.3.7 所示，即电感 L 是一个正的实常数，我们就把该电感元件称为线性电感元件，其电路图形符号如图 1.3.8 所示。本书也仅限于讨论线性电感元件，下面就简称为电感元件或电感。

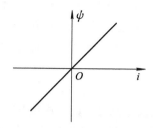

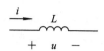

图 1.3.7　线性电感元件的韦安特性　　　　　　图 1.3.8　线性电感的电路图形符号

在国际单位制中，磁通 ϕ 和磁通链 ψ 的单位为韦伯（Wb），自感或电感 L 的单位为亨利，简称亨（H），视实际情况的需要还可采用毫亨（mH）和微亨（μH）作为其辅助单位。

当通过电感元件的电流发生变化时，穿过电感元件的磁通也就相应发生变化，根据楞次感应定律，这时在电感元件两端就会产生感应电压 u，参考极性如图 1.3.6 所示，其大小可表述为

$$u = \frac{\mathrm{d}\psi}{\mathrm{d}t} \tag{1.3.17}$$

又因 $\psi = Li$，故在 u、i 为关联参考方向的前提下，有

$$u = L\frac{\mathrm{d}i}{\mathrm{d}t} \tag{1.3.18}$$

式（1.3.18）反映了电感元件两端电压与其中电流之间的约束关系，它表明某一时刻电感元件两端的电压只取决于该时刻电流的变化率，而与该时刻电流的大小无关。电流变化越快，则其两端的电压也就越大，从最基本的物理概念出发，电感元件的感应电压具有阻碍电流变化的性质。

在直流稳定工作状态时，由于电流恒定，这时电感元件两端感应电压为零，此时电感元件相当于短路状态。

式（1.3.18）如果写成积分形式则为

$$i = \frac{1}{L}\int_{-\infty}^{t} u\,\mathrm{d}t = \frac{1}{L}\int_{-\infty}^{0} u\,\mathrm{d}t + \frac{1}{L}\int_{0}^{t} u\,\mathrm{d}t = i(0) + \frac{1}{L}\int_{0}^{t} u\,\mathrm{d}t \tag{1.3.19}$$

式（1.3.19）中 $i(0)$ 为 $t=0$ 时电感元件中电流的初始值，即电感元件中原有的电流。

式（1.3.19）同时表明，在任何时刻 t，电感中电流 i 是与其初始电流值 $i(0)$ 以及从 0 到 t 的所有电压值 u 有关的，由此可见，电感元件也是一种"记忆"元件。

当 u 和 i 取关联参考方向时，电感元件吸收的功率为

$$P_L = ui = Li\frac{\mathrm{d}i}{\mathrm{d}t} \tag{1.3.20}$$

从 0 到 t 时间内，电感元件吸收的电能为

$$W_L = \int_{0}^{t} P_L\,\mathrm{d}t = \int_{0}^{t} Li\frac{\mathrm{d}i}{\mathrm{d}t}\mathrm{d}t = L\int_{i(0)}^{i(t)} i\,\mathrm{d}i = \frac{1}{2}Li^2(t) - \frac{1}{2}Li^2(0) \tag{1.3.21}$$

如果设 $t=0$ 时刻电感元件原有电流 $i(0)$ 为 0，则式（1.3.21）可写为

$$W_L = \frac{1}{2}Li^2(t) \tag{1.3.22}$$

式（1.3.22）说明电感元件储存的磁场能量与通过其的电流有关。当电流增高时，储存

的磁场能量增加，电感元件从电源吸收电能并转化成磁场能量进行储存；当电流减小时，储存的磁场能量也相应减少，电感元件释放能量。因此，电感元件只有储存和释放磁场能量的性质而本身不消耗能量，故电感元件同样是一种储能元件。另外，电感元件释放的能量不可能多于它所储存的能量，它仍是一种无源元件。

与电容元件相对应来看，电感元件同样具有一个十分重要的特性，即电感元件中电流的变化具有连续性，一般不能发生跃变。如果电感电流发生跃变，则两端电压必然为无穷大，这显然也是不可能的，因为电路元件两端电压总要受到基尔霍夫电压定律及其他相关元件的制约。

需要说明的是，一个实际的电感线圈因其导线都具有一定的内电阻，在实际工作中总会把一部分电能作为热能消耗掉。因此，在内电阻不可忽略的情况下，我们常用电感元件与电阻元件串联的形式来表示一个实际的电感线圈。

1.4 有 源 元 件

1.3 节中讨论了一些无源元件，本节将讨论电路中另一类重要的元件，即有源元件。有源元件包括独立电源和受控电源两大类。独立电源包括电压源和电流源，它们在电路中起激励作用，可引起电路中其他元件的电流或电压(响应)，所以说独立电源是任何一个完整电路中不可缺少的组成部分。受控电源在电路中则不起激励作用，它们的电流和电压要受到电路中另外某个支路电流或电压的控制。受控电源在电路中，尤其是在电子电路中同样起着十分重要的作用，由于篇幅所限，我们只讨论独立电源的应用。

1.4.1 电压源

1. 理想电压源

理想电压源是实际电压源的一种理想化模型。理想电压源两端的电压与通过它的电流无关，其电压总保持为某个给定的时间函数。在以后的章节中，如无特殊注明，我们常把理想电压源简称为电压源。

电压源在电路中的图形符号如图 1.4.1(a)所示，其中 u_s 为电压源的电压。如果 u_s 为一恒定值，即 $u_s = U_s$，则把这种电压源称为直流电压源，其图形符号还可用图 1.4.1(b)表示，其中的长线段代表直流电压源的高电位端。直流电压源的伏安特性是一条不通过原点且与电流轴平行的直线，如图 1.4.2 所示。

图 1.4.1　电压源的电路图形符号　　　　图 1.4.2　直流电压源的伏安特性

对于直流电压源中的电压与电流的参考方向，我们一般习惯于取非关联参考方向，在图 1.4.2 中，如果直流电压源工作在第一象限，则 u、i 的值都大于零，当取 u、i 为非关联参考方向时，我们可判断此电压源实际工作在"电源"状态；反之，如工作在第二象限，则 $u>0$、$i<0$，这时可判定此电压源实际工作在"负载"状态。

除了有直流电压源外，还存在交流电压源。交流电压源的电压 $u_s(t)$ 总保持为某个固定的时间函数。

理想电压源一般具有以下特性：

（1）电压 $u_s(t)$ 的函数是固定的，不会因它所连接的外电路的不同而改变。如果电压源没有接外电路，这时电压源处于开路状态，I 为零值，电压源两端的电压此时就称为开路电压。

（2）电压源的电流随与之连接的外电路的不同而不同，即电压源的电流是随负载的大小而变化的。

（3）电压源的内阻为零，一个端电压为零的电压源仅相当于一条短路线。

（4）在功率允许的范围内，相同频率的电压源串联时可等效为一个同频率的电压源。

（5）一般情况下，电压源是不允许并联的，尤其是当电压 $u_s(t)$ 函数不同时更应注意，因为这时可能会引起电压源之间的短路以致损坏电压源。

2. 实际电压源

严格地说，理想电压源并不存在，这是因为实际电压源的内部总存在一定的内电阻。一个实际电压源的模型可以用一个理想电压源和一个电阻串联来表示，如一个实际的直流电压源在接上外电路后，如图 1.4.3 所示，其端电压 U 与电流 I 的伏安特性为

$$U = U_s - R_s I \qquad\qquad (1.4.1)$$

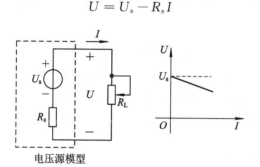

图 1.4.3　电压源模型的电路图形符号及伏安特性

可以看出，电压源的内阻 R_s 越小，则电源端电压 U 的变化就越小；当 $R_s=0$ 时，就变为理想电压源，电压值保持为恒值，如图 1.4.3 中伏安特性的虚线所示。

1.4.2　电流源

1. 理想电流源

理想电流源简称电流源，是实际电源的另一种理想化模型。

理想电流源中的电流总保持为某个给定的时间函数，而与其两端电压无关。例如利用太阳能发电的光电池发出的电流大小主要取决于光照强度和电池的面积，它的输出电流 I 基本上保持恒定。

电流源的电路图形符号如图 1.4.4 所示，我们一般习惯于取 u、i_s 为非关联参考方向。对于直流电流源来说，这时 $i_s=I_s$，它的伏安特性曲线如图 1.4.5 所示，它是一条平行于 u

轴的直线。

　　　　　　　　　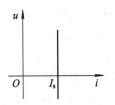

图 1.4.4　电流源的电路图形符号　　　　图 1.4.5　直流电流源的伏安特性曲线

概括地说，理想电流源一般具有以下特性：

（1）输出电流始终保持定值或者是一定的时间函数，与负载的情况无关。

（2）电流源两端电压的大小由负载决定。

（3）电流源的内阻为无穷大，因此，输出电流为零的电流源就相当于开路。

（4）多个电流源并联后，可以用一个等效的电流源来代替；而多个电流源一般是不允许串联的。另外，需要注意的是电流源的外电路不允许开路，否则端电压 U 将趋于无穷大，这也是不允许的。

2. 实际电流源

实际电流源在向外电路提供电流的同时也存在一定的内部损耗，这种情况可以用一个电流源 i_s 和一个内电阻 R_s 的并联组合来替代。比如说一个实际的直流电流源如图 1.4.6 所示，这时它对外提供的电流为

$$I = I_s - \frac{U}{R_s} \tag{1.4.2}$$

由式(1.4.2)可看出，I 已经不是一个常数，它随电压 U 的加大而减少，很显然，当电流源模型的内阻 R_s 越大时，则其分流作用就越小，如果 $R_s = \infty$，这时就变成为一个理想电流源，电流 I 就会保持为恒值，如图 1.4.6 中伏安特性的虚线所示。

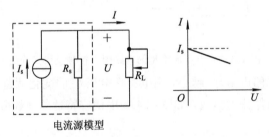

图 1.4.6　电流源模型的图形符号及伏安特性

实际工作中电压源随处可见，而人们对电流源还较为生疏，但是电流源确实是一种客观存在的电源形式。

1.5　电路的工作状态

在实际工作中，电路通常具有三种工作状态，即负载状态、空载状态和短路状态。现以一个最简单的直流电路为例来说明电路在各种状态下电压、电流及功率方面的一些

特征。

1.5.1　负载状态

在图 1.5.1 所示的简单直流电路中，U_s 和 R_s 串联表示一个实际电压源的模型，R_L 表示外接的负载。当开关 S 闭合后，电压源与负载接通，向负载提供电流并输送功率，这时电路即工作于负载状态。此时，电路中的电流为

$$I = \frac{U_s}{R_s + R_L} \tag{1.5.1}$$

由此可见，当 U_s 和 R_s 一定时，电流 I 的大小就取决于负载电阻 R_L。R_L 越小，电流 I 就越大，负载两端电压 U 为

$$U = IR_L = U_s - IR_s \tag{1.5.2}$$

这表明由于电源存在内阻 R_s，当电路工作时它两端要承担一部分电压 IR_s，这时电源对外输出的端电压 U 必定小于 U_s。若 R_L 越小，电流 I 就会越大，电源端电压 U 就会下降得越多。

如将式（1.5.2）两端同乘以 I，就得到功率平衡式

$$UI = U_s I - I^2 R_s$$

或　　　　　　　$$P = P_s - \Delta P \tag{1.5.3}$$

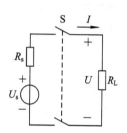

图 1.5.1　直流电路示意图

式中，$P_s = U_s I$，这是电源产生的功率；$\Delta P = I^2 R_s$，是电源内阻上消耗的功率；$P = UI$，就是电源向外输出的功率或外部负载所吸收或消耗的功率。

1.5.2　空载状态

如将图 1.5.1 中的开关 S 断开，或外电路中某处由于其他原因断开时，电路即工作于空载状态，我们有时也称之为开路或断路状态。此时，由于外电路所接的负载电阻可视为无穷大，故电路中的电流为零，电源不输出功率，内阻及负载上均没有功率消耗。这时端电压 U（电源侧）就称为空载电压或开路电压 U_O，它就等于电压源的电压 U_s。

综上所述，电路空载状态时的特征可归纳为

$$\begin{aligned} I &= 0 \\ U_O &= U_s \\ P &= P_s = \Delta P = 0 \end{aligned} \tag{1.5.4}$$

1.5.3　短路状态

电路中不同电位的两点如不经任何负载而被导线直接连通，强迫该两点间的电压为零，这种现象就称为短路。图 1.5.2 所示就是电源被短路时的情况。

短路时，由于负载 R_L 上没有电流通过并且电压源的内阻 R_s 一般都较小，这样在电压源和短路间构成的回路中将产生很大的电流，我们把它称之为短路电流 I_s。

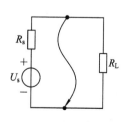

图 1.5.2　电源短路状态

$$I_s = \frac{U_s}{R_s} \qquad (1.5.5)$$

这时由于负载端电压强制为零，故电压 U_s 全部降落在内阻 R_s 上。另外，电源产生的极大的电功率 $U_s I_s$ 将全部被内阻 R_s 所吸收并转换为热能而消耗掉，对外电路而言不输出功率。这种情况将使得电源的温度迅速上升以至于损坏电源。

电路在短路状态时的特征可归纳为

$$U = 0$$
$$I_s = \frac{U_s}{R_s}$$
$$P_s = \Delta P = I_s^2 R_s \qquad (1.5.6)$$
$$P = 0$$

需要说明的是，短路可发生在负载端或线路的任何地方。通常情况下，短路是一种严重的事故，应尽量避免。产生短路的原因往往是由于接线不慎或者是电气设备绝缘的损坏，也有可能是其他一些因素，如老鼠噬咬以及非人为的意外短接等。因此，我们在接线时应非常慎重以免接错，同时还应经常性地检查电气设备及线路的绝缘情况，并保持电气设备周围良好的工作环境等。

为了防止短路所引起的事故，通常在电路中安装熔断器或其他自动保护装置，以期在发生短路时能迅速切断故障电路，从而防止事故的扩大并保护电气设备和供电线路。但有时为了某种需要，在功率不大的情况下，我们也可有意识地将电路中的某一段短路（常称为短接）来进行某种短路实验以获得一些必要的实验数据和参数。

例 1.5.1　一个 10 V 的理想电压源在下列不同情况下将输出多少功率？

（1）将它开路；

（2）接上电阻为 1 Ω 的负载；

（3）将它短路，并说明与实际电压源的短路情况是否一样？

解　（1）开路时，因为 $U = U_s = 10$ V，$I = 0$，故

$$P = UI = 10 \times 0 = 0 \text{ W}$$

（2）接上 1 Ω 负载电阻时，因为 $U = U_s = 10$ V，则

$$I = \frac{U}{R_L} = \frac{10}{1} = 10 \text{ A}$$

故有

$$P = UI = 10 \times 10 = 100 \text{ W}$$

（3）短路时，因为 $U = U_s = 10$ V（这是理想电压源的特点），故

$$I = \frac{U}{R_L} = \frac{10}{0} = \infty$$

所以

$$P = UI = 10 \times \infty = \infty$$

而实际电压源具有内阻 R_s，当发生短路时 $U = U_s - IR_s = 0$，故 $P = UI = 0$，这说明在短路状态下理想电压源与实际电压源表现出完全不同的性质。理想电压源在短路时具有无穷大功率输出，而实际电压源短路时产生的功率全部消耗在内电阻 R_s 上，其输出功率为零。

当然，理想电压源更应该严禁短路，上述的讨论仅限于从理论上片面地来分析问题，

实际使用时理想电压源也不可能产生无穷大的电流，否则理想电压源早已损坏。

例 1.5.2　某电压源的开路电压 U_O 为 6 V，短路电流 I_s 为 3 A。求当此电压源外接 3 Ω 负载电阻时，负载所消耗的功率。

解　根据开路电压 U_O 和短路电流 I_s 可以求出此电压源的 U_s 和 R_s，有

$$U_s = U_O = 6 \text{ V}$$

$$R_s = \frac{U_s}{I_s} = \frac{6}{3} = 2 \text{ Ω}$$

当外接 3 Ω 负载电阻时，负载电流为

$$I = \frac{U_s}{R_s + R_L} = \frac{6}{2+3} = 1.2 \text{ A}$$

负载消耗的功率为

$$P = I^2 R_L = (1.2)^2 \times 3 = 4.32 \text{ W}$$

1.6　基尔霍夫定律

基尔霍夫定律是分析与计算电路的最基本的定律之一。一般来说，电路所遵循的基本规律主要体现在两个方面，一是各电路元件本身的特性，如 R、L、C 元件各自的电压与电流之间的关系；二是电路整体的规律，它表明电路整体必须服从的约束关系，这种关系与元件的具体性质无关，而与电路中各元件的连接情况有关。基尔霍夫定律就是用来描述电路整体所必须遵循的规律的。

基尔霍夫定律包括基尔霍夫电流定律(KCL)和基尔霍夫电压定律(KVL)，前者应用于电路中的节点(也称结点)，而后者应用于电路中的回路。

在阐述基尔霍夫定律之前，我们首先来简单介绍一下电路中支路、节点和回路的概念。

1.6.1　支路、节点和回路

1. 支路

支路是电路中没有分支的一段电路。一条支路流过的是同一个电流，称为支路电流。如图 1.6.1 中有 bad、bd、bcd 三条支路。

2. 节点

电路中三条或三条以上支路的交汇点称为节点。如图 1.6.1 中有 b、d 两个节点。

3. 回路

回路是电路中的任一闭合路径。图 1.6.1 中共有三个回路，即 abda、bcdb、abcda，我们把电路中未被任何支路分割的最简单的回路称为网孔。图 1.6.1 中有两个网孔，即 abda、bcdb。

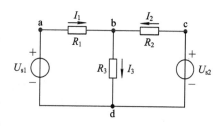

图 1.6.1　电路举例

1.6.2　基尔霍夫定律

1. 基尔霍夫电流定律(KCL)

基尔霍夫电流定律简称 KCL，是"Kirchhoff's Current Law"的缩写。KCL 可表述为：对于电路中任一节点，在任一时刻，流入该节点的电流之和恒等于流出该节点的电流之和。

对于图 1.6.1 中的节点 b 而言，依 KCL 可写出

$$I_1 + I_2 = I_3$$

或

$$I_1 + I_2 - I_3 = 0$$

即

$$\sum I = 0 \tag{1.6.1}$$

KCL 又可表述为：在任一时刻，电路中任一节点上的电流的代数和恒等于零。如果设定流入节点的电流取正号，则从节点流出的电流取负号。式(1.6.1)称为基尔霍夫电流方程或节点电流方程。

基尔霍夫电流定律的物理本质就是电荷守恒原理，它反映出电流的连续性。电荷在电路中流动，在任何一点上(包括节点)既不会消失，也不会堆积，体现了电荷的守恒。

基尔霍夫电流定律通常应用于节点，也可以把它推广应用于包围部分电路的任一假设的闭合面，该闭合面可看做是一个广义上的节点。例如在图 1.6.2 所示的电路中，假想闭合面所包围的部分电路就可看做是一个广义节点，对节点 A、B、C 分别列出其 KCL 方程为

$$I_A = I_{AB} - I_{CA}$$

$$I_B = I_{BC} - I_{AB}$$

$$I_C = I_{CA} - I_{BC}$$

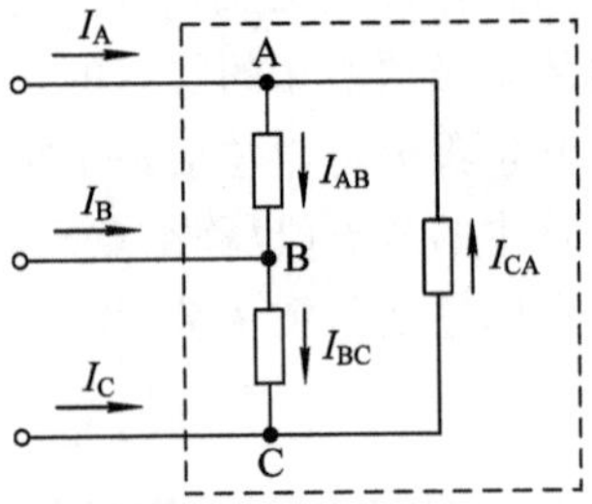

三式相加，可得

$$I_A + I_B + I_C = 0$$

即

$$\sum I = 0$$

图 1.6.2　广义节点

由此可见，在任一时刻，通过任一闭合面的电流的代数和恒等于零。

例 1.6.1　图 1.6.3 所示为某局部电路，已知 $I_1 = 6$ A，$I_2 = -3$ A，$I_5 = 4$ A，$I_6 = -2$ A，$I_7 = 1$ A。求电流 I_3、I_4。

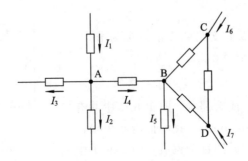

图 1.6.3　例 1.6.1 图

解　对包含节点 B、C、D 的假想闭合面列出 KCL 方程为

$$I_4 - I_5 + I_6 + I_7 = 0$$

代入有关数值，得

$$I_4 - 4 + (-2) + 1 = 0$$

求得

$$I_4 = 5 \text{ A}$$

对节点 A 列 KCL 方程为

$$I_1 - I_2 - I_3 - I_4 = 0$$

即

$$6 - (-3) - I_3 - 5 = 0$$

求得

$$I_3 = 4 \text{ A}$$

由例 1.6.1 可见，式中有两套正负号，I 前的正负号是由基尔霍夫电流定律根据电流的参考方向确定的，括号内数字前的正负号则是表示电流本身数值的正负，在列写 KCL 方程时注意不要混淆。

2. 基尔霍夫电压定律（KVL）

基尔霍夫电压定律简称 KVL，是"Kirchhoff's Voltage Law"的缩写。KVL 可表述为：对于电路中任一回路，在任一时刻，沿某闭合回路的电压降之和等于电压升之和。

在图 1.6.4 所示的电路中，按虚线所示的绕行方向，根据电压的参考方向可列出 KVL 方程为

$$U_3 + U_2 = U_4 + U_1$$

或改写为

$$-U_1 + U_2 + U_3 - U_4 = 0$$

即

$$\sum U = 0 \qquad (1.6.2)$$

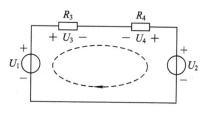

图 1.6.4　电路示意图

则 KVL 又可表述为：在任一时刻，沿电路中任一回路所有支路或元件上电压的代数和恒等于零。

在列写 KVL 方程时，必须选定闭合回路的绕行方向，绕行方向可选定为顺时针方向，也可选定为逆时针方向；当支路或元件上电压的参考方向和绕行方向一致时取正号，相反时取负号。

式（1.6.2）称为基尔霍夫电压方程或回路电压方程。

KVL 的物理本质就是能量守恒原理，即电荷沿回路绕行一周后，它所获得的能量与消耗的能量必然相等。

KVL 不仅应用于闭合回路，也同样可推广应用于假想回路，即广义回路。在图 1.6.5 中，电压 U_{AB} 可以看成是连接 A 和 B 的另一支路的电压降，这样就可将 ABOA 看做是一个广义上的闭合回路。取绕行方向为顺时针方向，就可列出此广义回路的 KVL 方程为

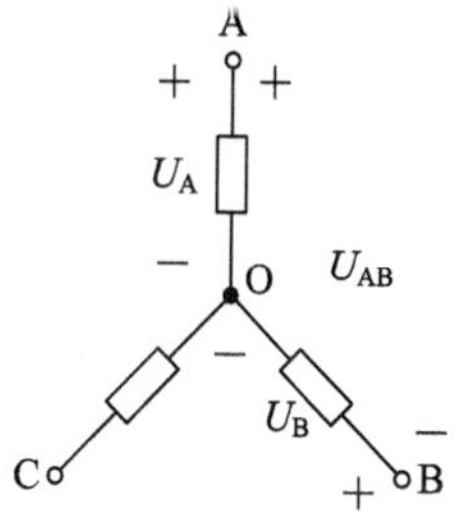

$$U_{AB} + U_B - U_A = 0$$

图 1.6.5　KVL 的推广

求得
$$U_{AB} = U_A - U_B$$

例 1.6.2　在图 1.6.6 所示的电路中,已知 $U_s = 12$ V, $R = 5$ Ω, $I_s = 1$ A。求:

(1) 电流源的端电压 U;

(2) 各元件的功率。

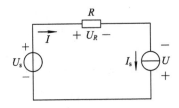

图 1.6.6　例 1.6.2 图

解　设电流源的端电压为 U,其参考方向如图 1.6.6 所示。

(1) 选顺时针方向为回路绕行方向,列出 KVL 方程为
$$U_R - U - U_s = 0$$

故
$$U = U_R - U_s = I_s R - U_s = 1 \times 5 - 12 = -7 \text{ V}$$

(2) 各元件的功率为

电阻元件: $P_1 = U_R I = 5 \times 1 = 5$ W(消耗功率,作负载)

电压源: $P_2 = -U_s I = -12 \times 1 = -12$ W(发出功率,作电源)

电流源: $P_3 = -U I_s = -(-7) \times 1 = 7$ W(消耗功率,作负载)

例 1.6.3　有一闭合回路如图 1.6.7 所示,各支路的元件是任意的。已知 $U_{AB} = 2$ V, $U_{BC} = 3$ V, $U_{ED} = -4$ V, $U_{AE} = 6$ V。试求 U_{CD} 和 U_{AD}。

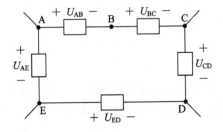

图 1.6.7　例 1.6.3 图

解　设顺时针方向为回路的绕行方向,列出 KVL 方程为
$$U_{AB} + U_{BC} + U_{CD} - U_{ED} - U_{AE} = 0$$

即
$$2 + 3 + U_{CD} - (-4) - 6 = 0$$

求得
$$U_{CD} = -3 \text{ V}$$

把 ADEA 看做是一个广义回路,又有
$$U_{AD} - U_{ED} - U_{AE} = 0$$

即 $U_{AD}-(-4)-6=0$，得 $U_{AD}=2\text{ V}$。

也可把 ABCDA 看成是一个广义回路，列出 KVL 有

$$U_{AB}+U_{BC}+U_{CD}-U_{AD}=0$$

即

$$2+3+(-3)-U_{AD}=0$$

同样得

$$U_{AD}=2\text{ V}$$

通过以上的叙述和分析可看出，基尔霍夫定律（KCL 和 KVL）仅仅由元件相互间的连接方式决定，而与元件的性质无关。这种电流或电压间的约束关系称为拓扑约束。我们把前几节中所介绍的各种电路元件中电流与电压的关系，也就是取决于元件性质的约束关系称为元件约束。这样一来，电路中电流和电压就要受到两类约束，即拓扑约束和元件约束。

此外，由于基尔霍夫定律反映了电路最基本的规律，因此不论是直流电路还是以后要介绍的交流电路，不论是线性电路还是非线性电路，基尔霍夫定律都是普遍适用的。

1.7　电路中电位的概念

在电路分析中，特别是在电子电路中要经常用到电位的概念，另外，对于比较复杂的电路，各点若用电位表示可使电路图清晰明了，更便于分析研究。

为了确定电路中各点的电位，首先必须选定电路中某点作为零参考电位点，并用接地符号"⊥"表示这个零参考电位点。这个选定的零参考电位点并不一定与大地相连，只是在这个电路中用此点的电位作为一个基准，电路中其他各点的电位就是这些点与该零参考电位点之间的电位差，所以在分析电路时，一定要事先选取一个零参考电位点，否则将毫无意义。

电位用"V"表示，如电路中 A 点的电位就记为 V_A。

另需注意的是：

（1）电路中某点的电位等于该点与零参考电位点之间的电压。

（2）零参考电位点选得不同，电路中各点的电位值也就随着改变，但是任意两点间的电压值是不变的，即各点电位的高低是相对的，而两点之间的电压值是绝对的。

例 1.7.1　分别计算如图 1.7.1 所示电路中开关 S 断开及接通时 A 点的电位 V_A。

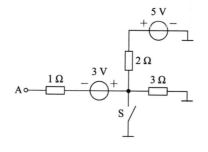

图 1.7.1　例 1.7.1 图

解　在图 1.7.1 中虽画出了三个接地符号，但同一个电路只有一个零参考电位点，所

以这三个接地点其实就是指同一个零参考电位点，这样画只是为了使电路简明而已。

(1) S 断开时，由于 3 V 电压源内无电流通过，1 Ω 电阻两端亦无电压，这时有

$$V_{\mathrm{A}} = 5 - \left(\frac{5}{2+3}\right) \times 2 - 3 = 5 - 2 - 3 = 0 \text{ V}$$

或

$$V_{\mathrm{A}} = \left(\frac{5}{2+3}\right) \times 3 - 3 = 0 \text{ V}$$

(2) S 闭合时，3 V 电压源内同样无电流通过，这时有

$$V_{\mathrm{A}} = -3 \text{ V}$$

明确电位的概念后，我们有时可以简化电路图的画法。当零参考点选定以后可以不画出电源，各端点以电位来表示。例如，在如图 1.7.2(a)所示电路中若选 D 点为零参考电位点，则可将其简化成同图 1.7.2(b)所示的电路。图 1.7.2(b)中电路的简化画法里虽没有直接画出零参考点，但 C 端标以 −9 V，A 端标以 +6 V，这表明它们共有一个参考点为零电位的公共端。

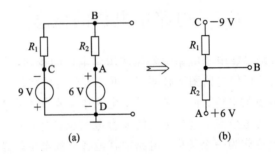

图 1.7.2　电路的简化画法

例 1.7.2　在图 1.7.3 所示电路中，求电流 I_1、I_2、I_3、I_4、I_5、I_6 及 A、B、C、D、E、F、G 各点的电位。

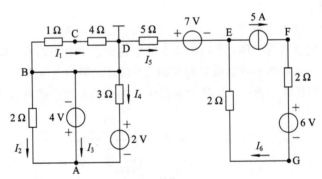

图 1.7.3　例 1.7.2 图

解　因为 B、D 两点间的电压为零，故

$$I_1 = 0 \text{ A}$$

$$I_2 = \frac{-4}{2} = -2 \text{ A}$$

$$I_4 = \frac{(-4-2)}{3} = -2 \text{ A}$$

$$I_3 = -(I_2 + I_4) = -(-2-2) = 4 \text{ A}$$

$$I_5 = 0 \text{ A}$$

$$I_6 = 5 \text{ A}$$

因为 D 点接地，所以有

$$V_D = 0 \text{ V}$$

$$V_B = V_D = 0 \text{ V}$$

$$V_A = V_B + 4 = 0 + 4 = 4 \text{ V}$$

$$V_C = V_D = 0 \text{ V}$$

$$V_E = V_D - 5I_5 - 7 = -7 \text{ V}$$

$$V_G = V_E + 2I_6 = -7 + 2 \times 5 = 3 \text{ V}$$

$$V_F = V_G + 6 + 2I_6 = 3 + 6 + 2 \times 5 = 19 \text{ V}$$

例 1.7.3　求图 1.7.4 所示电路中电流 I、电压 U_{CD} 和 U_{FD}。如果将 C 点接地，对各支路电流和电压有无影响？如果将 C、D 两点同时接地，是否有影响？

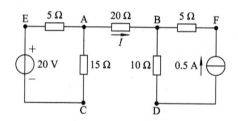

图 1.7.4　例 1.7.3 图

解　当将包含点 E、A、C 的部分电路看成是一个广义节点时，依据 KCL，有

$$I = 0$$

$$U_{CD} = U_{CA} + U_{AB} + U_{BD} = -\frac{20 \times 15}{5 + 15} + 0 + 10 \times 0.5 = -10 \text{ V}$$

$$U_{FD} = U_{FB} + U_{BD} = 5 \times 0.5 + 10 \times 0.5 = 7.5 \text{ V}$$

如果将 C 点接地，对各支路电流和电压无影响。

如果将 C、D 两点同时接地，则各支路电流和电压的大小均要发生相应变化。

习　　题

1.1　设电路的电压与电流参考方向如图所示，已知 $U<0$，$I>0$，则电压与电流的实际方向如何？

1.2　如图所示，若已知元件 A 供出功率为 10 W，求电压 U。

习题 1.1 图　　　　　　　　　　　　　　　　习题 1.2 图

1.3　如图所示，已知元件 A 的电压、电流为 $U=-5$ V、$I=-3$ A；元件 B 的电压、电流为 $U=3$ mV、$I=4$ A，求元件 A、B 吸收的功率。

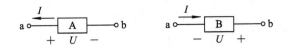

习题 1.3 图

1.4　电路如图所示，若 $U_s>0$，$I_s>0$，$R>0$，说明各元件分别起电源作用还是负载作用。

1.5　电路如图所示，说明该电路的功率守恒情况。

习题 1.4 图　　　　　　　　　　习题 1.5 图

1.6　电路如图所示，各点对地的电压：$U_a=5$ V，$U_b=3$ V，$U_c=-5$ V，说明元件 A、B、C 分别起电源作用还是负载作用。

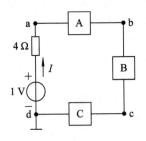

习题 1.6 图

1.7　有一额定值为 5 W、500 Ω 的线绕电阻，其额定电流为多少？在使用时电压不得超过多大的数值？

1.8　将额定电压为 220 V，额定功率为 100 W 和 25 W 的两只白炽灯串联起来接 220 V 电源，则哪一个灯较亮？

1.9　电路如图所示，已知 R_2 的功率为 2 W，求各电阻的阻值。

习题 1.9 图　　　　　　　　　　习题 1.10 图

1.10　电路如图所示，欲使电压源输出功率为零，求电阻 R 及其所吸收的功率。

1.11 电路如图所示，(1) 求图示电路的 U；(2) 求 1 V 电压源的功率，并指出是吸收还是供出功率；(3) 求 1 A 电流源的功率，并指出是吸收还是供出功率。

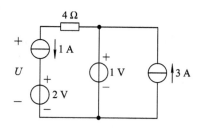

习题 1.11 图

1.12 分别求出图示电路的端口电压 u(或电流 i)与各独立电源参数的关系。

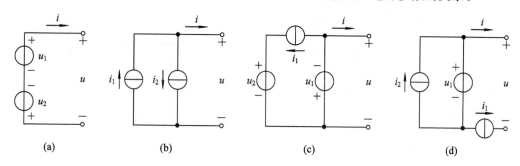

(a)　　　　(b)　　　　(c)　　　　(d)

习题 1.12 图

1.13 电路如图所示，求其中 3 A 电流源两端的电压 U。

1.14 电路如图所示，已知 $U_2=2$ V，$I_1=1$ A，求 I_s。

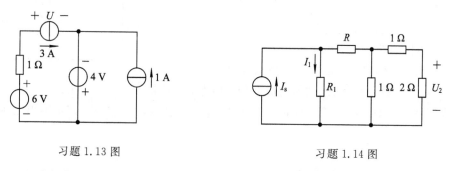

习题 1.13 图　　　　　　　习题 1.14 图

1.15 电路如图所示，已知 $U_2=2$ V，$I_1=1$ A，求电源电压 U_s。

1.16 求图示电路中的端电压 U。

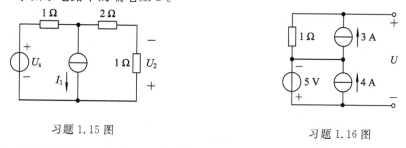

习题 1.15 图　　　　　　习题 1.16 图

1.17 图示电路中，已知电压源提供的功率为 288 W，求 R_0。

1.18　图示电路中，已知 2 Ω 电阻的功率为 32 W，求电流源电流 I_s。

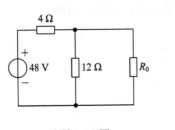

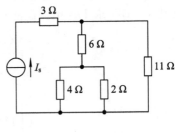

习题 1.17 图　　　　　　　　　　习题 1.18 图

1.19　电路如图所示，若 $I=0$，求电阻 R。

1.20　求图示电路中的电流 I，并分析电压源和电流源的功率情况。

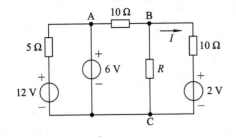

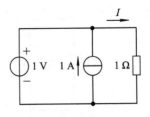

习题 1.19 图　　　　　　　　　　习题 1.20 图

1.21　求图示电路中的 I。

1.22　图示为一直流电源，其额定功率 $P_N=200$ W，额定电压 $U_N=50$ V，内阻 $R_s=0.5$ Ω，负载电阻 R_L 可调，试求：

（1）开路状态下的电源端电压；

（2）电源短路状态下的电流；

（3）额定工作状态下的电流及负载电阻。

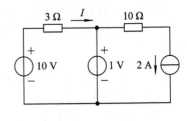

习题 1.21 图

1.23　如图所示是由电位器组成的分压电路，电位器的电阻 $R_P=300$ Ω，$R_1=350$ Ω，$R_2=550$ Ω，设输入电压 $U_1=12$ V，试求输出电压 U_2 的变化范围。

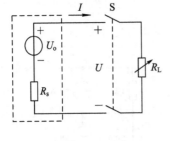

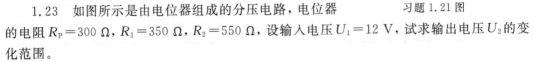

习题 1.22 图　　　　　　　　　　习题 1.23 图

1.24　在图示电路中，已知 $U_1=20$ V，$U_{s1}=8$ V，$U_{s2}=4$ V，$U_{s3}=6$ V，$R_1=8$ Ω，$R_2=4$ Ω，$R_3=10$ Ω，a、b 间开路，求开路电压 U_{ab}。

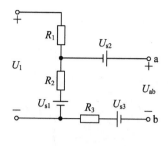

习题 1.24 图

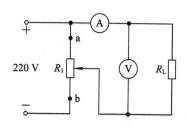

习题 1.25 图

1.25　图示为一分压器电路,电源电压 $U=220$ V,已知分压器的电阻 $R_1=200$ Ω,负载电阻 $R_L=100$ Ω,当分压器的动触点滑到 a、b 及中点各位置时,求电流表和电压表的读数。

1.26　在图示电路中,已知 $I_1=2$ A,$I_2=-3$ A,$I_5=4$ A,试求电流 I_3、I_4 和 I_6。

1.27　在图示电路中,求电流 i_1 和 i_2。

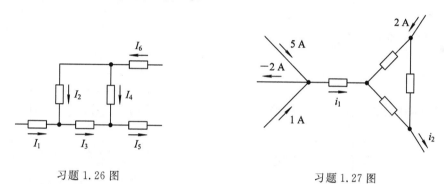

习题 1.26 图   习题 1.27 图

1.28　求图示部分电路中的直流电流 I_1、I_2、I_3 及电压 U。

1.29　应用 KVL 求图示电路中元件的端电压 U_5、U_7 及 U_9。已知 $U_1=10$ V,$U_2=-4$ V,$U_3=6$ V,$U_4=5$ V,$U_6=7$ V,$U_8=10$ V。

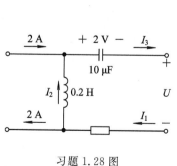

习题 1.28 图

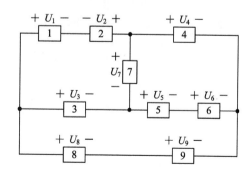

习题 1.29 图

1.30　求图示电路中 A 点的电位 V_A。

1.31　求图示部分电路中 A 点的电位 V_A 和电阻 R_1。

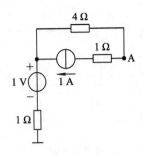

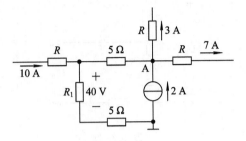

习题 1.30 图   习题 1.31 图

  1.32 在图示电路中，已知 $R_1 = R_2 = 2\ \Omega$，$R_3 = 6\ \Omega$，$E_1 = 2\ \text{V}$，$E_2 = 4\ \text{V}$，$V_B = 10\ \text{V}$，求当开关 S 断开和闭合时的 A 点电位 V_A。

  1.33 图示电路为晶体三极管偏置电路，已知 $U_s = 6\ \text{V}$，$I_C = 2\ \text{mA}$，$I_B = 50\ \mu\text{A}$，$I_2 = 0.15\ \text{mA}$，$V_E = 1\ \text{V}$，$V_C = 4\ \text{V}$，$R_2 = 11\ \text{k}\Omega$。

  试求：

  (1) 电阻 R_C；

  (2) 电压 U_{CE} 和 U_{BE}；

  (3) 电流 I_1 和 I_E。

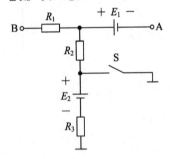

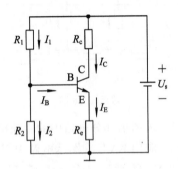

习题 1.32 图   习题 1.33 图

第 2 章　电路的分析方法

　　所谓电路分析，是指在给定电路结构和元件参数的情况下，计算在电源(即激励)的作用下电路中各部分的电流和电压(即响应)。

　　当电路中的独立电源都是直流电源，并且电路中电压、电流均不随时间变化时，这类电路称为直流电路，由线性电阻元件、独立电源组成的电路称为线性电阻电路。本章主要以线性电阻电路为例来讨论几种常用的电路分析方法，如等效变换法、支路电流法、叠加定理、戴维南定理等，最后简要介绍非线性电阻电路的分析方法。当然，这里所介绍的各种方法也同样可加以引申而应用到以后要介绍的正弦交流电路的稳态分析中。

2.1　电阻的串联、并联及等效变换

2.1.1　电阻的串联

　　电路中两个或两个以上电阻顺序相连，称为电阻的串联，如图 2.1.1 所示。电阻串联时，通过各电阻的电流是同一个电流。

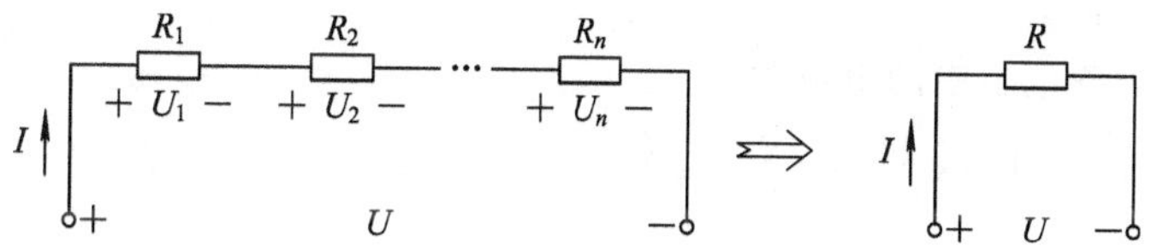

图 2.1.1　电阻的串联

图 2.1.1 中 n 个电阻串联时，根据 KVL 有

$$U = U_1 + U_2 + \cdots + U_n = (R_1 + R_2 + \cdots + R_n)I = RI$$

其中

$$R = R_1 + R_2 + \cdots + R_n = \sum_{k=1}^{n} R_k$$

R 称为这些串联电阻的等效电阻，它与这些串联电阻所起的作用是一样的。

　　可以看出，n 个串联电阻吸收的总功率等于它们的等效电阻 R 吸收的功率。R 必大于任一个串联中的电阻。

　　电阻串联时，各电阻上的电压为

$$U_k = R_k I = \frac{R_k}{R}U \quad (k = 1, 2, \cdots, n) \tag{2.1.1}$$

式(2.1.1)称为电压分配公式，它表明各个串联电阻的电压与其电阻值成正比，或者说总电压按各个串联电阻的电阻值进行分配。

2.1.2 电阻的并联

电路中有两个或两个以上电阻连接在两个公共节点之间,称为电阻的并联。电阻关联时,各并联电阻两端承受同一个电压。

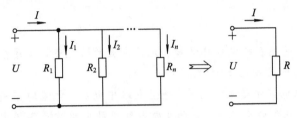

图 2.1.2 电阻的并联

图 2.1.2 中 n 个电阻并联时,根据 KCL 有

$$I = I_1 + I_2 + \cdots + I_n$$

即

$$\frac{U}{R} = \frac{U}{R_1} + \frac{U}{R_2} + \cdots + \frac{U}{R_n}$$

可得

$$\frac{1}{R} = \frac{1}{R_1} + \frac{1}{R_2} + \cdots \frac{1}{R_n}$$

即

$$\frac{1}{R} = \sum_{k=1}^{n} \frac{1}{R_k} \tag{2.1.2}$$

可以看出,n 个并联电阻吸收的总功率等于它们的等效电阻 R 吸收的功率。R 必小于任一个并联中的电阻。

电阻并联时,各电阻中的电流为

$$I_k = \frac{U}{R_k} = \frac{R}{R_k}I = \frac{G_k}{G}I \qquad (k = 1, 2, \cdots, n) \tag{2.1.3}$$

式(2.1.3)称为电流的分配公式,它表明各个并联电阻中的电流与它们各自的电导值成正比,或者说总电流按各个并联电阻的电导进行分配。

例如两个电阻的并联如图 2.1.3 所示,根据上述结论,有

$$\frac{1}{R} = \frac{1}{R_1} + \frac{1}{R_2}$$

即等效电阻 R 为

$$R = \frac{R_1 \cdot R_2}{R_1 + R_2} \tag{2.1.4}$$

电流的分配关系为

$$\left. \begin{array}{l} I_1 = \dfrac{U}{R_1} = \dfrac{IR}{R_1} = \dfrac{R_2}{R_1 + R_2}I \\[2mm] I_2 = \dfrac{U}{R_2} = \dfrac{IR}{R_2} = \dfrac{R_1}{R_1 + R_2}I \end{array} \right\} \tag{2.1.5}$$

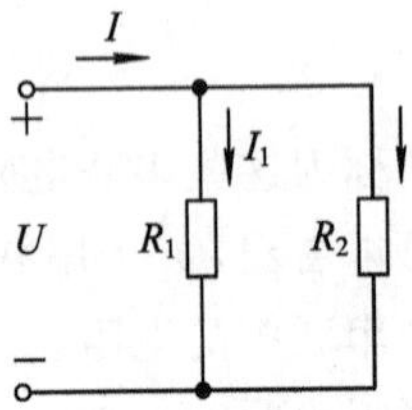

图 2.1.3 两个电阻的并联

在此特别提出两并联电阻的分流公式是因为在后续电路分析中经常要用到这个关系式。

一般来说,负载都是并联运用的。若并联的负载电阻越多(负载增加),则等效的总电

阻就越小，在端电压不变的情况下，电路中的总电流和总功率也就越大，但每个负载的电流和功率理论上则保持不变。

2.1.3　电阻电路的等效变换

对于一个较为简单的线性电阻电路来说，如能通过电阻串联和并联的等效变换来化简电路，就可很方便地求出未知量。

例 2.1.1　求图 2.1.4(a)所示电路中的 a、b 两点间的等效电阻 R_{ab}。

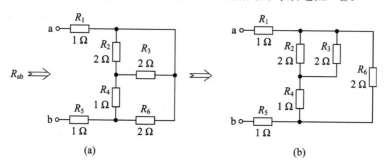

图 2.1.4　例 2.1.1 的电路

解　图 2.1.4(a)中 R_2 与 R_3 并联，电路可改画成图 2.1.4(b)所示电路。根据串、并联的有关公式并代入数值，可得

$$R_{ab} = 1 + \frac{(1+1)\times 2}{(1+1)+2} + 1 = 1 + 1 + 1 = 3 \ \Omega$$

例 2.1.2　计算图 2.1.5(a)所示电路的电流 I_4。

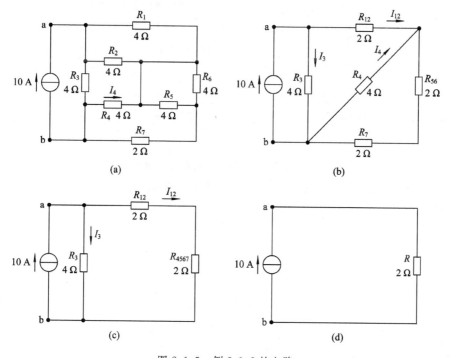

图 2.1.5　例 2.1.2 的电路

解　在图 2.1.5(a)中，R_1 与 R_2 并联，得

$$R_{12} = 2 \ \Omega$$

R_5 与 R_6 并联，得

$$R_{56} = 2 \ \Omega$$

首先可将电路简化成图 2.1.5(b)所示电路。在图 2.1.5(b)中 R_{56} 又与 R_7 串联，再与 R_4 并联，可简化成图 2.1.5(c)，再由图 2.1.5(c)简化成图 2.1.5(d)所示电路。等效电阻为

$$R = \frac{(2+2)\times 4}{(2+2)+4} = 2 \ \Omega$$

可算得

$$U_{ab} = 10R = 10 \times 2 = 20 \ \text{V}$$

$$I_3 = \frac{U_{ab}}{R_3} = \frac{20}{4} = 5 \ \text{A}$$

$$I_{12} = 10 - I_3 = 10 - 5 = 5 \ \text{A}$$

$$I_4 = -\frac{2+2}{4+(2+2)}I_{12} = -\frac{1}{2}\times 5 = -2.5 \ \text{A}$$

2.2　电压源与电流源的等效变换

我们在前面已经讨论过实际电源的两种模型，即实际电压源和实际电流源，它们的电路模型分别如图 2.2.1(a)、(b)中虚线所示。

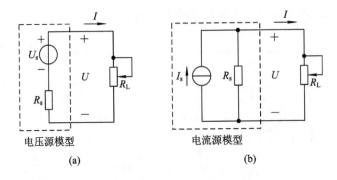

电压源模型　　　　　　电流源模型
(a)　　　　　　　　　(b)

图 2.2.1　实际电源的两种模型

首先来讨论两种电路模型中端电压 U 和电流 I 的关系。

由图 2.2.1(a)可得

$$U = U_s - IR_s \tag{2.2.1}$$

由图 2.2.1(b)有

$$I = I_s - \frac{U}{R_s}$$

即

$$U = I_s R_s - IR_s \tag{2.2.2}$$

由式(2.2.1)和(2.2.2)可知，要使两个电源对同一负载输出的电压和电流相等，或者说要使两种电源的伏安特性(外特性)重合在一起，则必须满足条件

$$U_s = I_s R_s$$
$$或 \quad I_s = \frac{U_s}{R_s}$$

(2.2.3)

这说明只要按照式(2.2.3)选择参数，图 2.2.2 所示实际电源的两种电路模型就可以互相转换。

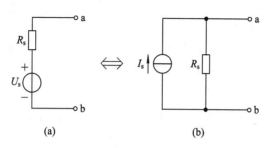

图 2.2.2　电源的等效变换

关于电源的等效变换，有以下几点需加以强调及说明：

（1）电压源和电流源的等效关系是针对外电路而言的，对于电源内部则不等效。因为内部电路的功率消耗情况可能不同。

（2）理想电压源($R_s = 0$)和理想电流源($R_s = \infty$)之间不存在等效关系。对理想电压源而言，其短路电流 I_s 为无穷大；对理想电流源而言，其开路电压 U_s 为无穷大，这都不能得到有限的数值，故不存在等效变换的条件。

（3）在进行电源的等效变换时，一般不限于内阻 R_s。只要是一个电压为 U_s 的理想电压源和某个电阻 R 串联的电路，都可以转化成一个电流为 I_s 的理想电流源和这个电阻并联的电路。

（4）在变换过程中，一定要注意变换后的 I_s 与 U_s 的方向应当是统一的，即 I_s 的方向是从 U_s 的"－"指向"＋"。

例 2.2.1　试用电源等效变换法求图 2.2.3 所示电路中的电流 I。

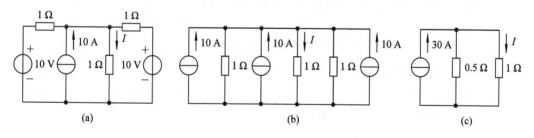

图 2.2.3　例 2.2.1 图

解　将电路中两个 10 V、1 Ω 的电压源分别变换为相应的电流源，如图 2.2.3(b)所示，再进一步简化成图 2.2.3(c)所示的电路，故有

$$I = \frac{0.5}{0.5 + 1} \times 30 = 10 \text{ A}$$

例 2.2.2　求图 2.2.4 所示电路中的 I_1 与 I_2。

解　对外电路而言，6 Ω 电阻与 6 V 电压源并联后等效为 6 V 电压源，如图 2.2.5 所示，由 KVL 可得

$$I_1 = \frac{12-6}{2} = 3 \text{ A}$$

由 KCL 可得

$$I_2 = 6 - 3 = 3 \text{ A}$$

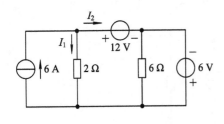 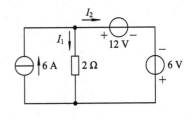

图 2.2.4　例 2.2.2 图　　　　　　图 2.2.5　例 2.2.2 解图

2.3　支路电流法

实际电路有时是比较复杂的，可能无法用前述几种等效变换的方法来化简电路，但是，不论实际电路如何复杂，它都是由节点和支路组成的。连接于同一节点上的各支路电流之间必然遵循 KCL；而构成一个回路的各支路上的电压之间也必定服从 KVL。基尔霍夫定律和欧姆定律是分析和计算各种电路的理论基础，这对于各种分析方法来说都是相同的。本节讲述最基本的一种电路分析方法，即支路电流法。

对任何一个线性或非线性电路，如果能首先求出各支路中的电流，那么再求诸如支路或元件两端的电压、某元件产生或消耗的功率等，就变得容易多了。这样，我们所关心的就是如何建立起一个电路的支路电流方程并对其进行求解。

支路电流法就是以支路电流为未知量来列写电路方程的方法。下面以图 2.3.1 为例，具体说明支路电流法的应用。

1. 首先在电路图中标出各未知支路电流的参考方向

如果电路中有 b 条支路，且都为未知量，则应该列出 b 个电路方程。因为在图 2.3.1 中有两个节点和三条支路，故可设三条支路中的电流为未知量，其参考方向如图 2.3.1 所示。

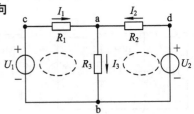

2. 根据 KCL 列出节点电流方程

图 2.3.1 中有 a、b 两个节点，分别应用 KCL，有

图 2.3.1　支路电流法举例

对节点 a：　$I_1 + I_2 - I_3 = 0$

对节点 b：　$-I_1 - I_2 + I_3 = 0$

显然，这两个方程是重复的，因为其中一个可由另一个变换而成。因此，节点电流方程中有一个是无效的。如果在此设 a 点为独立节点，则 b 就为非独立节点；也可反过来设 b 为独立节点，那么 a 就为非独立节点，总之，对于非独立节点列写 KCL 方程是无效的。

一般来说，一个电路如果有 n 个节点，则可以列出 $n-1$ 个有效的电流方程，或称之为独立的电流方程。在图 2.3.1 中由于节点数 $n=2$，所以可在上述两式中任取其一作为独立的电流方程。

3. 根据 KVL 列出回路电压方程

图 2.3.1 中共有三个回路，即 abca、adba、adbca。根据 KVL 可以列出三个电压方程，但通过分析同样可发现其中仅有两个电压方程是独立有效的。图 2.3.1 中已设三个支路电流为未知量，共需三个独立的方程，而前面已由 KCL 列出了一个独立的方程，再由 KVL 列出两个独立的电压方程，正好满足了全部要求。

一般情况下，对于具有 n 个节点、b 条支路的电路，由 KCL 可列出 $n-1$ 个独立的电流方程，而余下的独立方程数 $l=b-(n-1)$ 个回路电压方程则可相应地由 KVL 列出。

如何选取适当的电压回路呢？一般情况下，在针对回路列写 KVL 方程时，如果每个回路中各至少包含一个新的支路，则方程就是独立的。一个较为简便的方法就是按照网孔来列 KVL 方程。

网孔是回路的特殊形式，它的内部没有其他的支路。例如在图 2.3.1 中，虚线所示的回路 abca 和 adba 就是两个网孔，而 adbca 则不是，这是因为其内部有支路 ab。根据有关"网络拓扑理论"的描述可知，电路图中的所有网孔就是一组独立的回路，网孔数必然等于 $b-(n-1)$ 个。

通常可在图 2.3.1 中的网孔内用虚线标出所选定的回路绕行方向并列写 KVL 方程，当然，也可不必画出虚线而凭观察直接写出 KVL 方程，连同前面已经列出的 KCL 方程，本例中共得到以下的方程组

$$\left. \begin{array}{l} I_1 + I_2 - I_3 = 0 \\ R_1 I_1 + R_3 I_3 = U_1 \\ R_2 I_2 + R_3 I_3 = U_2 \end{array} \right\}$$

4. 联立求解方程组

在具体求解过程中，可用消元法或行列式法来计算未知量。

5. 结果检验

通常可将计算出的支路电流值对所设定的非独立节点列写 KCL 方程，或者对未列写 KVL 方程的一个回路进行验算，还可以通过功率平衡关系来检验计算结果的正确性。

原则上，任何复杂的电路都可以用支路电流法来求解，但是当支路数目较多时，方程数也相应较多，计算起来较为繁琐，这是支路电流法的主要不足之处。

例 2.3.1 在图 2.3.2 所示电路中，用支路电流法求支路电流 I_1、I_2 和 I_3。

解 选定各支路电流的参考方向如图 2.3.2 所示。

对节点 a 列 KCL 方程，有

$$I_1 + I_2 - I_3 = 0$$

对两网孔分别列 KVL 方程，得

$$I_1 R_1 + I_3 R_3 = U_1$$
$$I_2 R_2 + I_3 R_3 = U_2$$

将有关数据代入方程组并整理，可得

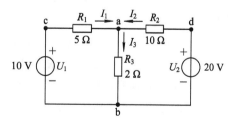

图 2.3.2　例 2.3.1 图

$$\begin{cases} I_1 + I_2 - I_3 = 0 \\ 5I_1 + 2I_3 = 10 \\ 10I_2 + 2I_3 = 20 \end{cases}$$

解得

$$\begin{cases} I_1 = 1\ \text{A} \\ I_2 = 1.5\ \text{A} \\ I_3 = 2.5\ \text{A} \end{cases}$$

用电压平衡关系校验计算结果：取未曾用过的回路 adbca 列写 KVL 方程，可得电压的代数和

$$\sum U = I_1 R_1 - I_2 R_2 + U_2 - U_1 = 5 - 15 + 20 - 10 = 0$$

可见，结果满足基尔霍夫电压定律，表明计算结果正确。

例 2.3.2　在图 2.3.3 所示电路中，已知 $R_1 = 10\ \Omega$，$R_2 = 3\ \Omega$，$R_3 = R_4 = 2\ \Omega$，$I_s = 3\ \text{A}$，$U_1 = 6\ \text{V}$，$U_2 = 10\ \text{V}$。求支路电流 I_1、I_2、I_3 及电流源的端电压 U_s。

解　该电路共有四条支路，由于 R_1 与 I_s 串联，根据电流源的外特性可知，R_1 不会改变此条支路中电流的大小，所以这条支路中电流仍为 3 A，这时，待求的未知变量就变成求解另三个支路电流 I_1、I_2 和 I_3。

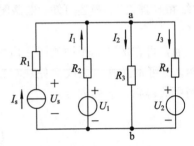

图 2.3.3　例 2.3.2 图

用支路电流法列出的 KCL 和 KVL 方程组为

$$\begin{cases} I_1 - I_2 - I_3 + I_s = 0 \\ I_1 R_2 + I_2 R_3 = U_1 \\ I_2 R_3 - I_3 R_4 = U_2 \end{cases}$$

代入有关数据，即有

$$\begin{cases} I_1 - I_2 - I_3 = -3 \\ 3I_1 + 2I_2 = 6 \\ 2I_2 - 2I_3 = 10 \end{cases}$$

联立求解方程组，可得

$$\begin{cases} I_1 = -0.5\ \text{A} \\ I_2 = 3.75\ \text{A} \\ I_3 = -1.25\ \text{A} \end{cases}$$

另有

$$U_{ab} = I_2 R_3 = 3.75 \times 2 = 7.5\ \text{V}$$

$$U_s = I_s R_1 + U_{ab} = 3 \times 10 + 7.5 = 37.5\ \text{V}$$

现用功率平衡关系来检验计算结果。

电流源发出功率：$P_s = U_s I_s = 37.5 \times 3 = 112.5\ \text{W}$

电压源 U_1 发出功率：$P_1 = U_1 I_1 = 6 \times (-0.5) = -3\ \text{W}$（实际作负载用）

电压源 U_2 发出功率：$P_2 = U_2 (-I_3) = 10 \times 1.25 = 12.5\ \text{W}$

各电源元件发出的总功率为

$$P = P_s + P_1 + P_2 = 112.5 - 3 + 12.5 = 122 \text{ W}$$

各电阻元件消耗的总功率为

$$
\begin{aligned}
P_R &= P_{R_1} + P_{R_2} + P_{R_3} + P_{R_4} = I_s^2 R_1 + I_1^2 R_2 + I_2^2 R_3 + I_3^2 R_4 \\
&= 3^2 \times 10 + (-0.5)^2 \times 3 + (3.75)^2 \times 2 + (-1.25)^2 \times 2 \\
&= 122 \text{ W}
\end{aligned}
$$

可见，$P = P_R$，功率是平衡的，故计算结果正确。

如果将图 2.3.3 中的 R_1 短接，这时各支路电流和 U 的值均不会受到影响，此时电流源的端电压 U_s 就等于 U_{ab}，只有 7.5 V。而在原图中 R_1 消耗的电功率（90 W）全部是由电流源单独提供的，电流源所提供的这一部分电功率为

$$P' = (37.5 - 7.5) \times 3 = 90 \text{ W}$$

即与 R_1 消耗的电功率相同，可见电流源串联电阻 R_1 后，电流源的负载加重了，这对电流源来说是不利的。

2.4 叠 加 定 理

叠加定理是分析线性电路的一个重要定理，它反映了线性电路普遍具有的基本性质。应用叠加定理来分析电路，可把一个复杂的电路简化成几个简单的电路来处理。

叠加定理可表述为：任何线性网络中，若含有多个独立电源，则网络中任一支路中的响应电流（或电压）等于电路中各个独立电源单独作用时在该支路中所产生的电流（或电压）的代数和。

叠加定理的正确性可用图 2.4.1(a)中支路电流 I_1 和 I_2 的结果来加以说明。

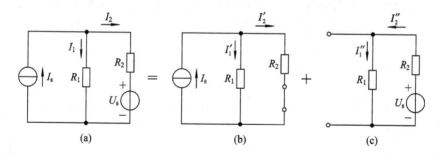

图 2.4.1 叠加定理

在图 2.4.1(a)电路中有两个独立电源，其中一个为电流源 I_s，另一个为电压源 U_s，根据支路电流法列出两个独立方程为

$$
\begin{cases}
I_1 + I_2 = I_s \\
I_1 R_1 = I_2 R_2 + U_s
\end{cases}
$$

联立求解，可得

$$
\begin{cases}
I_1 = \dfrac{R_2}{R_1 + R_2} I_s + \dfrac{U_s}{R_1 + R_2} \\
I_2 = \dfrac{R_1}{R_1 + R_2} I_s - \dfrac{U_s}{R_1 + R_2}
\end{cases}
$$

而在图 2.4.1(b)和(c)中，可求出

$$\begin{cases} I_1' = \dfrac{R_2}{R_1 + R_2} I_s \\[2mm] I_2' = \dfrac{R_1}{R_1 + R_2} I_s \\[2mm] I_1'' = I_2'' = \dfrac{U_s}{R_1 + R_2} \end{cases}$$

可见

$$\left. \begin{array}{l} I_1 = I_1' + I_1'' \\ I_2 = I_2' - I_2'' \end{array} \right\} \qquad\qquad (2.4.1)$$

式(2.4.1)表明：支路电流 I_1 是由两部分合成的，一个分量是由电流源 I_s 单独作用时产生的 I_1'，如图 2.4.1(b)所示；另一个分量是由电压源 U_s 单独作用时产生的 I_1''，如图 2.4.1 (c)所示。同样，支路电流 I_2 也可看成是由 I_2' 和 I_2'' 合成的，由于图 2.4.1(c)中 I_2'' 的参考方向与图 2.4.1(a)中原有电流 I_2 的参考方向相反，故在进行叠加时，有 $I_2 = I_2' - I_2''$。

应用叠加定理时请注意以下几点：

（1）叠加定理仅适用于线性电路中电压、电流的叠加，在叠加时要注意各电压、电流的参考方向。

（2）从数学概念上说，叠加就是线性方程的可加性，因此叠加定理不适用于非线性电路。

（3）电路中的功率不能叠加，因为功率与电压或电流的平方有关，不具有线性关系。

（4）在叠加过程中，不能改变电路的结构。也就是说，对于暂不起作用的电源，其内阻应继续保留在电路内，因为这些内阻对作用着的电源来说仍是它们的负载。

（5）当某电源暂不起作用时，应将该电源置零。当独立电压源暂不起作用时将其两端短接；而对独立电流源则是将其两端开路，对于这一点注意切不能混淆。

例 2.4.1　应用叠加定理求图 2.4.2(a)中的电压 U_3 及电阻 R_3 消耗的功率。已知 $R_1 = 3\ \Omega$，$R_2 = 4\ \Omega$，$R_3 = 2\ \Omega$，$U_s = 9\ \mathrm{V}$，$I_s = 6\ \mathrm{A}$。

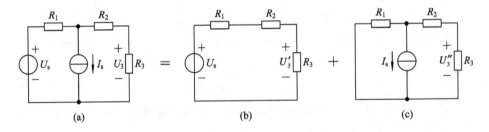

(a)　　　　　　　　　(b)　　　　　　　　　(c)

图 2.4.2　例 2.4.1 图

解　当电压源 U_s 单独作用时如图 2.4.2(b)所示，有

$$U_3' = \frac{U_s \cdot R_3}{R_1 + R_2 + R_3} = \frac{9 \times 2}{3 + 4 + 2} = 2\ \mathrm{V}$$

当电流源 I_s 单独作用时如图 2.4.2(c)所示，有

$$U_3'' = -\frac{R_1}{R_1 + R_2 + R_3} I_s \times R_3 = -\frac{3}{9} \times 6 \times 2 = -4\ \mathrm{V}$$

所以　　　　　　　　　$$U_3 = U_3' + U_3'' = 2 + (-4) = -2\ \mathrm{V}$$

R_3 消耗的功率为

$$P = \frac{U_3^2}{R_3} = \frac{4}{2} = 2 \text{ W}$$

例 2.4.2 用叠加定理求图 2.4.3 电路中的电流 I，并检验电路的功率平衡。

解 当 10 A 电流源单独作用时，根据并联电阻分流公式，有

$$I' = \frac{1}{1+4} \times 10 = 2 \text{ A}$$

当 10 V 电压源单独作用时，有

$$I'' = \frac{10}{1+4} = 2 \text{ A}$$

故
$$I = I' + I'' = 2 + 2 = 4 \text{ A}$$

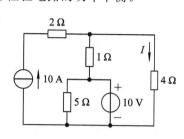

图 2.4.3　例 2.4.2 图

电流源发出功率：$P_1 = (2 \times 10 + 4 \times 4) \times 10 = 360$ W

电压源吸收功率：$P_2 = 10(10 - 4 - \frac{10}{5}) = 40$ W

2 Ω 电阻吸收功率：$P_3 = 10^2 \times 2 = 200$ W

1 Ω 电阻吸收功率：$P_4 = (10 - 4)^2 \times 1 = 36$ W

5 Ω 电阻吸收功率：$P_5 = \frac{10^2}{5} = 20$ W

4 Ω 电阻吸收功率：$P_6 = 4^2 \times 4 = 64$ W

可见，由于电路发出功率等于吸收功率之和，电路功率平衡。

2.5 戴维南定理

我们在分析电路时，有时只需要计算一个电路中某一支路的电压或电流，而不需要求出其他支路的电压或电流。如果用前述已介绍过的一些方法，如支路电流法来进行求解，势必要把全部的电路方程列以后才能解出所需支路上的电压或电流，这将是很繁琐的。那么，是否有一种较简便的方法，既能求解所需支路的响应而又不必建立所有方程组进行求解呢？戴维南定理就可满足这样的要求。

2.5.1 戴维南定理

戴维南定理也是分析线性电路的一个重要定理，它反映了线性有源二端网络的重要性质，是简化这种电路的一种常用的方法。凡是只具有两个引出端与外电路相连的电路称为二端网络，根据其内部是否含有电源，它又可分为有源二端网络和无源二端网络两种。

戴维南定理指出：对任一线性有源二端网络，可以用一个电压源 U_0 和电阻 R_0 串联的电源模型来等效代替。其中等效电压源 U_0 的数值和极性与引出端的开路电压相同；等效内阻 R_0 就等于有源二端网络中将所有独立电源置零后(电压源短路、电流源开路)所得到的无源二端网络的等效电阻。这种电压源 U_0 与电阻 R_0 串联的电路就称为戴维南等效电路。

下面以图 2.5.1 所示电路为例来说明戴维南定理的含义。图 2.5.1(a)实线框内是一个线性有源二端网络，框外 R_L 所在的 ab 支路可广义地视为外电路或负载电路。如果将 ab 支

路断开或移去，如图 2.5.1(c)所示，则 a、b 两端点间的开路电压就是戴维南等效电路(图 2.5.1(b)虚线框内)的电压源 U_0；再令有源二端网络中的独立电源置零，即电压源用短路代替，电流源用断路代替，则形成的无源二端网络中 a、b 二端点间的等效电阻就是 R_0，如图 2.5.1(d)所示。

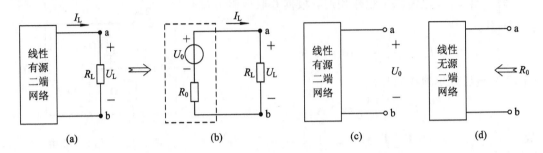

图 2.5.1　戴维南定理

当求得有源二端网络的戴维南等效电路以后，则由该有源二端网络所提供的负载电流和其两端电压可由式(2.5.1)求出

$$\left. \begin{array}{l} I_L = \dfrac{U_0}{R_0 + R_L} \\ U_L = I_L R_L \end{array} \right\} \tag{2.5.1}$$

应用戴维南定理时注意以下几点：

(1) 可灵活采用其他分析方法求开路电压 U_0。

(2) 当负载电阻 R_L 等于等效内阻 R_0 时，R_L 从电路中获得的功率最大，最大功率为

$$P_{max} = \dfrac{U_0{}^2}{4R_0} \tag{2.5.2}$$

例 2.5.1　求图 2.5.2(a)所示二端网络的戴维南等效电路。

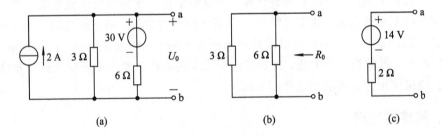

图 2.5.2　例 2.5.1 图

解　对于图 2.5.2(a)所示电路，可采用叠加定理来求其开路电压 U_0。

$$U_0 = 2 \times \dfrac{3 \times 6}{3 + 6} + \dfrac{30}{3 + 6} \times 3 = 4 + 10 = 14 \text{ V}$$

将图 2.5.2(a)电路化为无源二端网络后如图 2.5.2(b)所示，求其等效内阻 R_0。

$$R_0 = \dfrac{3 \times 6}{3 + 6} = 2 \ \Omega$$

故图 2.5.2(a)中 a、b 端的戴维南等效电路如图 2.5.2(c)所示。

例 2.5.2　在图 2.5.3 所示电路中，当可变电阻 R_L 等于多大时它能从电路中吸收最大

功率,并求此最大功率。

解 采用戴维南定理求解,先将 R_L 所在支路移去,可采用叠加定理求出开路电压为

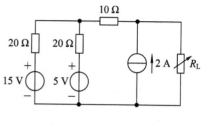

$$U_0 = U_0' + U_0''$$

$$= \left(\frac{15-5}{20+20} \times 20 + 5\right) + \left(10 + \frac{20 \times 20}{20+20}\right) \times 2$$

$$= 50 \text{ V}$$

将独立电源置零后,求得等效内阻为

$$R_0 = 10 + \frac{20 \times 20}{20+20} = 20 \ \Omega$$

图 2.5.3 例 2.5.2 图

当 $R_L = R_0$ 时,R_L 消耗的功率最大,即

$$P_{\max} = \left(\frac{U_0}{R_0 + R_L}\right)^2 R_L = \left(\frac{50}{20+20}\right)^2 \times 20 = 31.25 \text{ W}$$

例 2.5.3 在图 2.5.4 所示电路中,已知 $U_s = 12$ V,$R_1 = R_4 = 4 \ \Omega$,$R_2 = R_3 = 20 \ \Omega$,$R_L = 8 \ \Omega$,试用戴维南定理求电流 I_L。

解 先将 R_L 所在支路移去,可求出开路电压为

$$U_0 = \frac{U_s}{R_1 + R_2} \times R_2 - \frac{U_s}{R_3 + R_4} \times R_4 = 8 \text{ V}$$

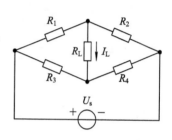

将独立电源置零后,求得等效内阻为

$$R_0 = (R_1 /\!/ R_2) + (R_3 /\!/ R_4)$$

$$= \frac{4 \times 20}{4+20} \times 2 = \frac{20}{3} \ \Omega$$

图 2.5.4 例 2.5.3 图

故

$$I_L = \frac{U_0}{R_0 + R_L} = \frac{8}{\dfrac{20}{3} + 8} = \frac{6}{11} \text{ A}$$

2.5.2 含非线性电阻电路的分析

在前面章节中讨论的是线性电阻电路的分析。线性电阻的特点是其电阻值不随其两端电压或电流的变化而改变,或者说其伏安特性可用欧姆定律来表示,在 U-I 平面上是一条通过原点的直线。而对于非线性电阻来说,加在它两端的电压与通过它的电流之比不是常数,其伏安特性不是一条直线而是遵循着某种特定的非线性函数关系。通常,非线性电阻的伏安特性很难用数学公式准确表达出来,而是借助于实验结果获得的近似的非线性函数关系。

非线性电阻元件在现代工业中应用十分广泛,例如二极管等各种半导体器件的伏安特性都是非线性的。

如果一个电路中含有一个或多个非线性元件,则此电路就是非线性电路。本节仅限于讨论只含有一个非线性电阻的电路。

一般来说,在已讲述过的线性电路的计算方法中,如欧姆定律、叠加定理及戴维南定理等,因为它们都是根据线性关系推导出来的,因此一般不能直接用来计算非线性电路。

但是，基尔霍夫电流和电压定律只与电路的拓扑约束有关，即只与电路的结构有关，而与元件的性质无关，所以不论对于线性电路还是非线性电路，KCL 和 KVL 都是电路必须遵循的原则。

在分析和计算非线性电路时一般都采用图解法或曲线相交法。在采用图解法时，可先将非线性元件移开，对其线性部分用戴维南定理等进行化简，得出线性电路部分的伏安特性，再与非线性电阻 R 的伏安特性进行联立求解，或通过作图求解等多种形式求出电路中的电流及电压。

例 2.5.4　求图 2.5.5 所示含理想二极管的电路中的电流 I。

解　采用戴维南定理求解，先断开二极管支路，求得

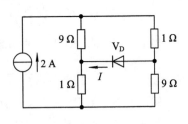

开路电压为

$$U_0 = \frac{(9+1) \times 2 \times 9}{(1+9)+(9+1)} - \frac{(1+9) \times 2 \times 1}{(1+9)+(9+1)} = 8 \text{ V}$$

等效内阻　　$R_0 = \dfrac{(9+1) \times (1+9)}{(9+1)+(1+9)} = 5 \ \Omega$

二极管电流　　　$I = \dfrac{U_0}{R_0} = 1.6 \text{ A}$

图 2.5.5　例 2.5.4 图

习　　题

2.1　电路如图所示，求各等效电阻 R_{ab}。

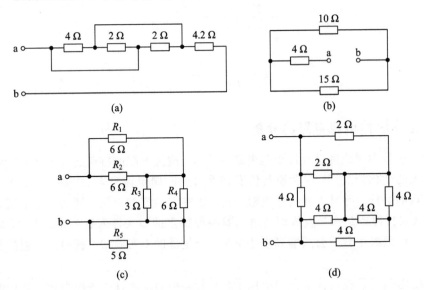

习题 2.1 图

2.2　求图示电路中 a、b 端的等效电阻 R_{ab}。

2.3　求图示电路中 a、b 端的等效电阻 R_{ab} 和 R_{bc}。

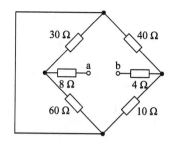

习题 2.2 图

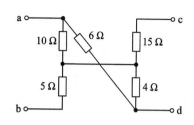

习题 2.3 图

2.4　电路如图所示，求 A、B 两点的电压 U_{AB}。

2.5　电路如图所示，求电阻 R_1 与 R_2 的值。

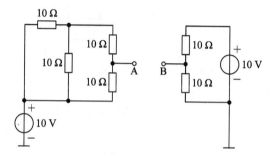

习题 2.4 图

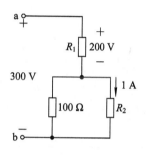

习题 2.5 图

2.6　电路如图所示，当 5 Ω 电阻吸收的功率为 20 W 时，求可变电阻 R 的数值。

2.7　电路如图所示，已知 $I=5$ A，$U_1=20$ V，R_2 吸收功率为 25 W，求总电压 U。

2.8　图示电路中，已知 $I_1=2$ A，求电阻 R。

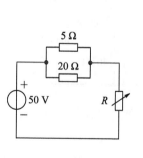

习题 2.6 图

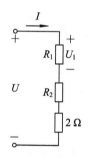

习题 2.7 图

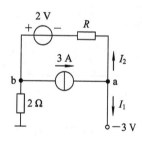

习题 2.8 图

2.9　已知某电流表的满度电流 I_g 为 100 μA，内阻 R_g 为 1.5 kΩ，现欲改装成量程为 30 V 与 100 V 的电压表，电路如图所示，试计算分压电阻 R_1、R_2。

2.10　图示为电位器电路，已知电位器的额定值为 1 kΩ、1 W。若输入电压 $U_1=$ 30 V，$R_2=300$ Ω，电位器 c、b 段电阻为 600 Ω。试求通过电位器的电流 I_1 及负载上的电压 U_2、电流 I_2，并判明该电位器能否正常工作。

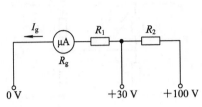

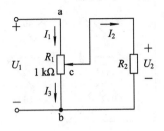

习题 2.9 图　　　　　　　　　　　　习题 2.10 图

2.11　求图示电路中的电流 I。

2.12　用电源的等效变换法求图示电路中的电流 I 及电压 U。

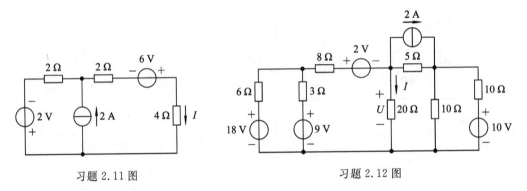

习题 2.11 图　　　　　　　　　　　　习题 2.12 图

2.13　求图示电路中的支路电流 I。

2.14　在图示电路中，用支路电流法求各支路电流。

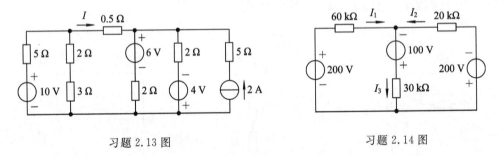

习题 2.13 图　　　　　　　　　　　　习题 2.14 图

2.15　试用支路电流法求解图示电路各支路的电流。

2.16　在图示电路中，若 1 A 电流源输出的电功率为 50 W，求元件 A 发出的电功率。

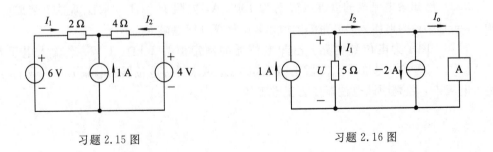

习题 2.15 图　　　　　　　　　　　　习题 2.16 图

2.17　在图示电路中，若 $R_1 = 2\ \Omega$，$R_2 = 3\ \Omega$，$I_s = 5\ A$，$U_s = 10\ V$。试求：

(1) 电流 I_1；

(2) 当 U_s 改为 15 V 时，再求 I_1。

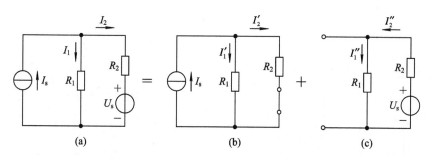

习题 2.17 图

2.18　电路如图所示，已知 $U_s = 12\ V$，$R_1 = R_2 = R_3 = R_4$，$U_{ab} = 10\ V$。若将理想电压源除去(短接)后，求这时 U_{ab} 等于多少？

2.19　在图示电路中，(1) 当将开关 S 合在 a 点时，求电流 I_1、I_2 和 I_3；(2) 当将开关 S 合在 b 点时，利用(1)的结果，用叠加定理求 I_1、I_2 和 I_3。

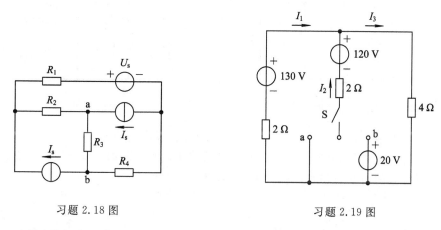

习题 2.18 图　　　　　　　　　　　　习题 2.19 图

2.20　试用叠加定理求图示电路中的电流 I。

2.21　试用叠加定理求图示电路中电流源的端电压 U。

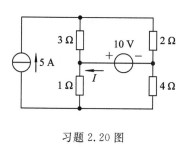

习题 2.20 图

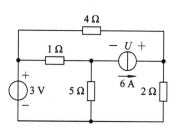

习题 2.21 图

2.22 图示电路中 N 为含直流电源的线性电阻网络,当 $U_s=0$ V 时, $I=2$ A;当 $U_s=4$ V 时, $I=4$ A;求当 $U_s=6$ V 时的 I。

2.23 电路如图所示,欲使 $I=0$,试用叠加定理确定电压源 U_s 的数值和极性。

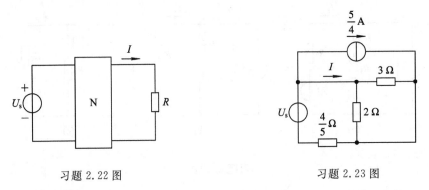

习题 2.22 图   习题 2.23 图

2.24 图示电路中当 $I_s=0$ 时, $I_1=2$ A。当 I_s 改为 8 A 时,求它供出的功率。

2.25 试用叠加定理求解图示电路中电流源发出的功率。

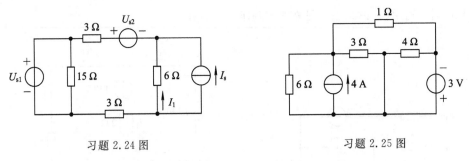

习题 2.24 图   习题 2.25 图

2.26 试用叠加定理求解图示电路中 4 V 电压源发出的功率。

2.27 某直流电路如图所示。(1)电流源提供的功率为零时,电流源电流应等于多少?(2)电压源提供的功率为零时,电流源电流应等于多少?

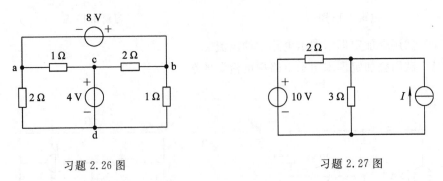

习题 2.26 图   习题 2.27 图

2.28 求图示电路中流过 R_L 的电流 I_L。

2.29 若图(a)的等效电路如图(b)所示,求 U_s 和 R_s。

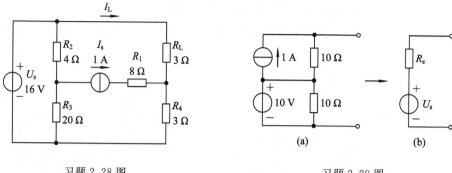

习题 2.28 图　　　　　　　　习题 2.29 图

2.30　求图示电路 ab 端口的等效电路。

2.31　N_A 和 N_B 均为含源线性电阻网络，求图示电路中 3 Ω 电阻的端电压 U。

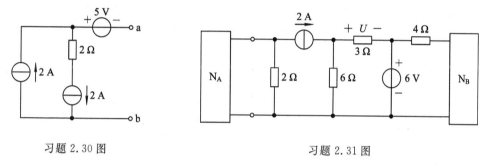

习题 2.30 图　　　　　　　　习题 2.31 图

2.32　图示电路中，N 为含源线性电阻网络，当开关 S 打开时，$U_{ab}=3$ V；当开关 S 合上时，$U_{ab}=2$ V，求网络 N 的戴维南等效电路参数。

2.33　图示电路中开关 S 断开时 $U_{ab}=2.5$ V，S 闭合时 $I_{ab}=3$ A，求二端网络 N 的戴维南等效电路参数。

习题 2.32 图　　　　　　　　习题 2.33 图

2.34　应用戴维南定理求图示电路中的电流 I。

2.35　求图示含理想二极管电路中的电流 I。

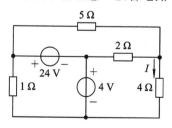
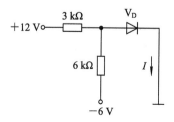

习题 2.34 图　　　　　　　　习题 2.35 图

2.36　求图示电路理想二极管 V_D 所在支路的电流 I。

2.37　在图示电路中，非线性电阻的伏安特性 $I = 0.2U^2$，试求其工作电压和电流。

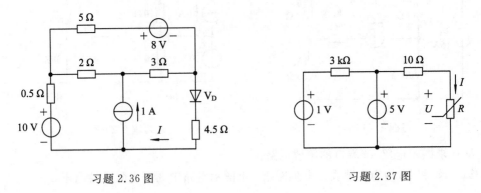

习题 2.36 图　　　　　　　　　　　习题 2.37 图

第 3 章　正弦交流电路

本章主要讨论正弦交流电的基本概念、基本参数以及正弦量的相量表示法，阐述 R、L、C 单一元件及组合电路的正弦交流电路的工作情况，并讨论正弦交流电路的功率、谐振及分析方法等。

3.1　正弦交流电的基本概念

3.1.1　正弦交流电概述

前面已讨论了直流电路的分析，在直流电路中电压或电流的大小和方向都是不随时间而变化的，但在交流电路中，电压或电流的大小和方向都随时间而变化。交流电的电压、电流的变化规律多种多样，应用得最普遍的是按正弦规律变化的交流电。

正弦交流电在现代工农业生产及其他各方面都有着极为广泛的应用，例如电热、冶金、电讯、照明等许多方面都采用正弦交流电。此外在许多场合需要用的直流电，如地下铁道、矿山电力牵引、城市电车、电镀以及电子技术等也多是由正弦交流电经过整流后得到直流电的。

正弦交流电本身存在着独有的一些优良特性。在所有周期性变化的函数中，正弦函数为简谐函数，同频率的正弦量通过加、减、积分、微分等运算后，其结果仍为同一频率的正弦函数，这样就使得电路的计算变得简单。

日常使用的正弦交流电可分为单相和三相两种。单相电路中的一些基本概念、基本规律和基本分析方法同样适用于三相电路。另外，在直流电路中所学的一些基本原理及分析方法等在交流电路中也同样适用，但要注意在交流电路中由于电压、电流等均为随时间变化的物理量，因此交流电路的分析方法与直流电路的分析方法相比较，还有一些概念上的差别，分析时应加以注意。

如果电路中含有一个或几个频率相同并按正弦规律变化的交流电源，就称这种电路为正弦交流电路。本章主要以单相正弦交流电路为例来阐述正弦交流电的一些基本概念、定律及分析方法等。

3.1.2　正弦交流电的方向

由于正弦交流电压或电流的大小和方向都在随时间作正弦规律变化，它的实际方向经常都在变动，如果不规定电压、电流的参考方向就很难用一个表达式来确切地表达出任何时刻电压、电流的大小及其实际方向。参考方向的规定和前述直流电路中一样，电流的参考方向可用箭标或双下标表示，电压的参考方向可用"＋"、"－"极性来表示。例如图 3.1.1 (a)为一个正弦电流的波形图，图 3.1.1(b)为假定电压、电流的参考方向。

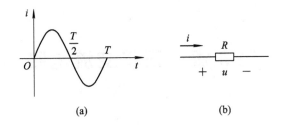

图 3.1.1　正弦电流的波形及参考方向

当正弦电压或电流的瞬时值 u 或 i 大于零时，正弦波形处于正半周，否则就处于负半周。u 或 i 的参考方向即代表正半周时的方向，也就是说，在正半周，由于 u、i 的值为正，所以参考方向与实际方向相同；在负半周，由于其值为负，所以参考方向与实际方向相反。

3.2　正弦交流电的基本参数

正弦交流电压、电流以及电动势统称为正弦量。正弦量的特征表现在变化的大小（幅值）、快慢（频率）和初相位三个方面，所以幅值、频率和初相位是确定正弦交流电的三个要素。

3.2.1　正弦量的瞬时值、幅值和有效值

电路在正弦交流电源的作用下将出现正弦电压和电流，即有

$$u = U_{\mathrm{m}} \sin(\omega t + \psi_u) \qquad (3.2.1)$$

$$i = I_{\mathrm{m}} \sin(\omega t + \psi_i) \qquad (3.2.2)$$

u 和 i 的波形如图 3.2.1 所示。

正弦电压或电流在每一个瞬时的数值称为

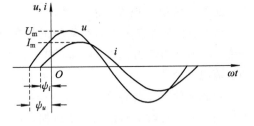

图 3.2.1　正弦电压和电流的波形

瞬时值，用小写字母 u 或 i 表示。瞬时值中的最大值称为幅值，它用有下标 m 的大写字母 U_{m} 或 I_{m} 表示。

在正弦交流电的计算和分析中，计算每一瞬间的电压和电流的大小是没有多少实际意义的，为此引入一个表示正弦电压或电流大小的特定值，即有效值。正弦电流的有效值是根据正弦电流与直流电流的热效应相等来规定的。在图 3.2.2 所示的两个等值电阻里分别通以正弦电流 $i = I_{\mathrm{m}} \sin\omega t$ 和直流电流 I，如果在相同的时间内（如一个周期 T）两者所产生的热量相等，那么就把该直流电流 I 的数值定义为该正弦电流 i 的有效值。

根据上述定义和微积分等相关知识推得

$$I_{\mathrm{m}} = \sqrt{2} I$$

即电流有效值与幅值的关系为

$$I = \frac{I_{\mathrm{m}}}{\sqrt{2}} \qquad (3.2.3)$$

同理可得正弦电压和电动势的有效值为

图 3.2.2　正弦电流的有效值

$$U = \frac{U_m}{\sqrt{2}}, \quad E = \frac{E_m}{\sqrt{2}} \tag{3.2.4}$$

我们一般所说的正弦电压或电流的大小都是指它们的有效值。各种交流电压表和交流电流表的读数值也是指有效值，例如，常说的 220 V 民用电，即为有效值。

有效值用大写字母表示，这和直流时是一样的，我们在使用时应注意区别。

3.2.2　正弦量的频率与周期

正弦量完成一个循环变化所需的时间称为周期 T，单位为秒(s)。一秒内的周期数称为频率 f，单位为赫兹(Hz)，简称赫，即周/秒。可见，频率和周期互为倒数，即

$$f = \frac{1}{T} \tag{3.2.5}$$

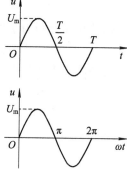

正弦量的变化快慢还可以用角频率 ω 来表示。对同一正弦波，横轴既可用时间 t，又可用角度 ωt 来表示，如图 3.2.3 所示。

ω 具有角速度的量纲，当 $t = T$ 时，$\omega T = 2\pi$，故

$$\omega = \frac{2\pi}{T} = 2\pi f \tag{3.2.6}$$

式(3.2.6)表明，角速度(或角频率)ω 表示在单位时间内正弦量所经历过的角度，其单位为弧度/秒，用 rad/s 表示。

图 3.2.3　正弦电压波形

由此可见，f、T、ω 都是用来描述正弦量变化快慢的物理量，三者是相互关联的，我们只要已知其中之一，就可得知另外两个。在我国和其他大多数国家都规定电力系统供电的标准频率是 50 Hz，习惯上称之为工频。

一般交流电机、照明负载及家用电器等都使用工频交流电。但在其他不同的领域内则需使用各种不同的频率，以满足工程的需要。

例 3.2.1　工频交流电的周期和角频率各为多少？

解　因为 $f = 50$ Hz，故有

$$T = \frac{1}{f} = \frac{1}{50} = 0.02 \text{ s}$$

$$\omega = \frac{2\pi}{T} = 2\pi f = 2\pi \times 50 = 314 \text{ rad/s}$$

3.2.3　正弦量的初相和相位差

要完整地确定一个正弦量，除了要知道其幅值和频率外，还需知道正弦量的初相。对于正弦电流 $i = I_m \sin(\omega t + \psi)$，其电角度 $(\omega t + \psi)$ 称为正弦量的相位角；当 $t = 0$(计时起点)时的相位角 ψ 就称为初相角，简称初相。图 3.2.4 为不同初相时的正弦电流波形示意图。

初相角的单位可以用弧度或度来表示，初相角 ψ 的大小与计时起点的选择有关。另外，初相角通常在 $|\psi| \leqslant \pi$ 的主值范围内取值。

在正弦交流电路的分析中，有时需要比较同频率的正弦量之间的相位差。例如在一个电路中，某元件的端电压 u 和流过的电流 i 频率相同，设

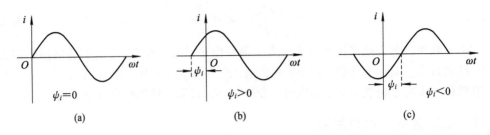

图 3.2.4　不同初相时的正弦电流波形

$$u = U_m \sin(\omega t + \psi_u)$$

$$i = I_m \sin(\omega t + \psi_i)$$

它们的初相分别为 ψ_u 和 ψ_i，则它们之间的相位差（用 φ 表示）为

$$\varphi = (\omega t + \psi_u) - (\omega t + \psi_i) = \psi_u - \psi_i \qquad (3.2.7)$$

即两个同频率的正弦量之间的相位差就是其初相之差，相位差 φ 不随时间而变化。

当 $\varphi = \psi_u - \psi_i > 0$ 时，这时 u 总是比 i 先经过零值或正的最大值，这说明在相位上 u 超前 i 一个 φ 角，或者说 i 滞后 u 一个 φ 角，如图 3.2.5(a) 所示。

当 $\varphi = \psi_u - \psi_i = 0$ 时，这说明 u 和 i 的初相相同，或者说 u 和 i 同相，如图 3.2.5(b) 所示。

当 $\varphi = \psi_u - \psi_i = 180°$ 时，这时 u 和 i 相位相反，或者说 u 和 i 反相，如图 3.2.5(c) 所示。

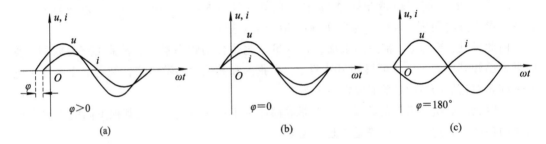

图 3.2.5　正弦电压和电流的相位差

例 3.2.2　某正弦电流完成一周变化所需时间为 1 ms，求该电流的频率和角频率。

解
$$f = \frac{1}{T} = \frac{1}{1 \times 10^{-3}} = 1000 \text{ Hz}$$

$$\omega = 2\pi f = 2000\pi = 6280 \text{ rad/s}$$

例 3.2.3　已知正弦电压 $u = 100 \sin(628t - 30°)$V，求该正弦电压的幅值 U_m、有效值 U、角频率 ω、周期 T 和初相角 ψ。

解
$$U_m = 100 \text{ V}, \quad U = \frac{U_m}{\sqrt{2}} = 70.7 \text{ V}$$

$$\omega = 628 \text{ rad/s}, \quad T = \frac{2\pi}{\omega} = 0.01 \text{ s}, \quad \psi = -30°$$

例 3.2.4　若正弦电压 $u_1 = U_{1m} \sin t$ V，$u_2 = U_{2m} \sin(2t - 30°)$ V，则

A. u_2 相位滞后 u_1 30°角　　　　B. u_2 相位超前 u_1 30°角

C. u_2、u_1 同相　　　　　　　　D. 以上三种说法都不正确

解　D。因为它们的频率不同，不能进行相位比较。

例 3.2.5 电流波形如图 3.2.6 所示，(1) 计算两个正弦电流 i_A 和 i_B 的频率、有效值及 i_A 与 i_B 之间的相位差；(2) 写出 i_A 和 i_B 的瞬时值表达式。

解 (1) 因为 $T = \dfrac{1}{50}$ s，所以有

$$f_A = f_B = \frac{1}{T} = 50 \text{ Hz}$$

$$\omega = 2\pi f = 100\pi = 314 \text{ rad/s}$$

$$I_A = \frac{I_{Am}}{\sqrt{2}} = \frac{14.1}{\sqrt{2}} = 10 \text{ A}$$

$$I_B = \frac{I_{Bm}}{\sqrt{2}} = \frac{7.07}{\sqrt{2}} = 5 \text{ A}$$

$$\psi_A = 100\pi \times \frac{1}{300} = \frac{\pi}{3} = 60°$$

$$\psi_B = -100\pi \times \frac{1}{600} = -\frac{\pi}{6} = -30°$$

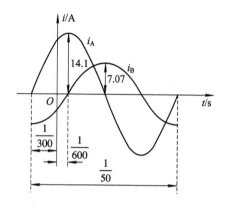

图 3.2.6 例 3.2.5 的波形图

$$\varphi = \psi_A - \psi_B = \frac{\pi}{3} - \left(-\frac{\pi}{6}\right) = \frac{\pi}{2} = 90°$$

(2)
$$i_A = 14.1 \sin(314t + 60°) \text{ A}$$
$$i_B = 7.07 \sin(314t - 30°) \text{ A}$$

3.3 正弦量的相量表示法

一个正弦量通常有两种表示法，一种是三角函数解析式，如 $i = I_m \sin(\omega t + \psi)$，这是正弦量的最基本表示法；另一种是用波形图来表示。这两种方法均能正确无误地表达出正弦量的三要素。但是，在正弦交流电路的分析和计算中，有时使用上述两种方法会显得相当繁琐，其结果还容易出错，因此在实际计算中往往采用相量表示法。通过相量的运算可使电路的分析和计算变得十分简便。

3.3.1 有向线段与正弦函数

一个正弦量可以用一个其初始角等于正弦量初相 ψ 的有向旋转线段来表示。由于在正弦电路中各正弦量的频率是相同的，所以我们可将角频率 ω 这个要素暂时略去，只需要有向线段的长度和初始角即可，因此一个正弦量可用一个有向线段来唯一表示。

3.3.2 正弦量的相量表示法

正弦量可以用有向线段来表示，而有向线段又可用复数来表示，因此可以用复数来表示正弦量。相量表示法就是以复数运算为基础的，复数的表示如图 3.3.1 所示。

一个复数 A 可以用下述几种形式来表示。

1. 代数形式

$$A = a + jb \qquad (3.3.1)$$

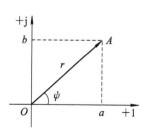

图 3.3.1 复数的表示

式中，$j=\sqrt{-1}$ 称为虚数单位。

2. 三角形式

$$A=r\cos\psi+jr\sin\psi=r(\cos\psi+j\sin\psi) \tag{3.3.2}$$

式中，$r=\sqrt{a^2+b^2}$，$\tan\psi=\dfrac{b}{a}$，$\psi=\arctan\dfrac{b}{a}$，ψ 称为 A 的辐角。

3. 指数形式

根据欧拉公式

$$e^{j\psi}=\cos\psi+j\sin\psi \tag{3.3.3}$$

或

$$\cos\psi=\frac{e^{j\psi}+e^{-j\psi}}{2},\quad \sin\psi=\frac{e^{j\psi}-e^{-j\psi}}{2j} \tag{3.3.4}$$

可以把复数 A 写成指数形式为

$$A=re^{j\psi} \tag{3.3.5}$$

4. 极坐标形式

$$A=r\angle\psi \tag{3.3.6}$$

式(3.3.6)是复数的三角形式和指数形式的简写形式。

上述几种复数的表达式可以互相转换。复数的加减运算常用代数形式，而乘除运算则常用指数式和极坐标式。

为了与一般的复数相区别，我们把表示正弦量的复数称为相量，并在大写字母上打".以示区别。例如正弦电压 $u=U_{\mathrm{m}}\sin(\omega t+\psi)$，则它的相量表示为

$$\dot{U}_{\mathrm{m}}=U_{\mathrm{m}}(\cos\psi+j\sin\psi)=U_{\mathrm{m}}e^{j\psi}=U_{\mathrm{m}}\angle\psi$$

$$\dot{U}=U(\cos\psi+j\sin\psi)=Ue^{j\psi}=U\angle\psi$$

今后在电路的分析中，若无特殊说明，一般是指有效值的相量形式。

例 3.3.1　把下列复数化为代数形式。

(1) $50\angle60°$　　(2) $91.3\angle-78°$　　(3) $58\angle269°$

解　(1) $50\angle60°=50(\cos60°+j\sin60°)=25+j43.3$

(2) $91.3\angle-78°=91.3[\cos(-78°)+j\sin(-78°)]=19-j89.3$

(3) $58\angle269°=58(\cos269°+j\sin269°)=-1.01-j57.99$

例 3.3.2　某正弦电压 $u=20\sqrt{2}\sin(\omega t+30°)\mathrm{V}$，求其相量表达式。

解　其相量为

$$\dot{U}=20(\cos30°+j\sin30°)=20\angle30°\ \mathrm{V}$$

例 3.3.3　已知下列复数的代数形式，试求它们的极坐标形式。

(1) j　　(2) $-j$　　(3) $3-j4$　　(4) $-2-j6$

解　(1) $j=\cos90°+j\sin90°=1\angle90°$

(2) $-j=1\angle-90°$

(3) $3-j4=\sqrt{3^2+4^2}\angle-\arctan\dfrac{4}{3}=5\angle-53.1°$

(4) $-2-j6=\sqrt{2^2+6^2}\angle(-180°+\arctan\dfrac{6}{2})=2\sqrt{10}\angle-108.4°$

例 3.3.4　求下列相量所对应的正弦量。

(1) $\dot{U}_1 = 50\angle 30°\,\mathrm{V}$　　　　　(2) $\dot{U}_2 = 100\angle -90°\,\mathrm{V}$

(3) $\dot{I}_1 = (-50 + \mathrm{j}86.8)\,\mathrm{A}$　　(4) $\dot{I}_2 = (5 - \mathrm{j}12)\,\mathrm{A}$

解　(1) $u_1 = 50\sqrt{2}\sin(\omega t + 30°)\,\mathrm{V}$

(2) $u_2 = 100\sqrt{2}\sin(\omega t - 90°)\,\mathrm{V}$

(3) $\dot{I}_1 = (-50 + \mathrm{j}86.8)\,\mathrm{A} = \sqrt{50^2 + 86.8^2}\angle\left(180° - \arctan\dfrac{86.8}{50}\right)\mathrm{A} = 100\angle 120°\,\mathrm{A}$

故　　　　　　　　　　　　$i_1 = 100\sqrt{2}\sin(\omega t + 120°)\,\mathrm{A}$

(4) $\dot{I}_2 = (5 - \mathrm{j}12)\,\mathrm{A} = \sqrt{5^2 + 12^2}\angle -\arctan\dfrac{12}{5}\,\mathrm{A} = 13\angle -67.4°\,\mathrm{A}$

故　　　　　　　　　　　　$i_2 = 13\sqrt{2}\sin(\omega t - 67.4°)\,\mathrm{A}$

3.3.3　相量图及相量运算

1. 相量图

在复平面上用有向线段表示相量就构成相量图。有向线段的长度表示该相量的模，它与实轴的夹角就等于该相量的辐角。如果有几个同频率的相量画在同一复平面中，则各有向线段的长度必须和它们的模成比例。另外，在画相量图时，有时也可不必画出复平面上的实轴和虚轴。

需要说明的是，只有正弦量才能用相量表示；只有同频率的正弦量才能画在同一相量图上，否则就无法进行比较。

2. 相量的四则运算

虽然相量图标示了各相量之间的大小和相位关系，在一定程度上能帮助我们定性地分析较复杂的问题，但从相量图中有时很难"看"出精确的结果，因此在作定量分析时大多采用相量分析法，即相量的四则运算来求解正弦交流电路。

(1) 加减运算。相量相加或相减的运算可用代数形式来进行。例如设两个相量

$$\boldsymbol{A} = a_1 + \mathrm{j}b_1, \quad \boldsymbol{B} = a_2 + \mathrm{j}b_2$$

则　　　　　　　　$\boldsymbol{A} \pm \boldsymbol{B} = (a_1 \pm a_2) + \mathrm{j}(b_1 \pm b_2)$　　　　　　　　(3.3.7)

相量相加或相减运算也可采用平行四边形法则在复平面上用作图法来进行，这种方法也称为相量图法。图 3.3.2(a)、(b)分别示出了两个相量 A 和 B 相加和相减的运算过程。

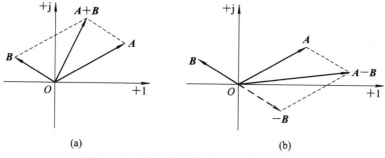

(a)　　　　　　　　　　　　　　(b)

图 3.3.2　两个相量相加和相减的几何意义

（2）乘除运算。A、B 两个相量相乘时，用代数形式表示为

$$AB = (a_1 + jb_1) \cdot (a_2 + jb_2) = (a_1a_2 - b_1b_2) + j(a_1b_2 + a_2b_1)$$

用指数形式或极坐标形式，则有

$$AB = r_a e^{j\psi_a} \cdot r_b e^{j\psi_b} = r_a r_b e^{j(\psi_a + \psi_b)} \tag{3.3.8}$$

或

$$AB = r_a \angle \psi_a \cdot r_b \angle \psi_b = r_a r_b \angle (\psi_a + \psi_b) \tag{3.3.9}$$

可见，相量 A 乘以相量 B 的几何意义就是把相量 A 的模 r_a 乘以 B 的模 r_b 后再把相量 A 逆时针旋转一个角度 ψ_b。

相量 A 除以相量 B 时，用代数形式表示为

$$\frac{A}{B} = \frac{a_1 + jb_1}{a_2 + jb_2} = \frac{(a_1 + jb_1)(a_2 - jb_2)}{(a_2 + jb_2)(a_2 - jb_2)} = \frac{a_1a_2 + b_1b_2}{a_2^2 + b_2^2} + j\frac{a_2b_1 - a_1b_2}{a_2^2 + b_2^2}$$

用指数形式或极坐标形式表示为

$$\frac{A}{B} = \frac{r_a e^{j\psi_a}}{r_b e^{j\psi_b}} = \frac{r_a}{r_b} e^{j(\psi_a - \psi_b)} \tag{3.3.10}$$

或

$$\frac{A}{B} = \frac{r_a \angle \psi_a}{r_b \angle \psi_b} = \frac{r_a}{r_b} \angle (\psi_a - \psi_b) \tag{3.3.11}$$

其几何意义相当于把相量 A 的模 r_a 除以 B 的模 r_b 后再把相量 A 顺时针旋转一个角度 ψ_b。

3.3.4　j 的物理意义

根据欧拉公式

$$e^{j\psi} = \cos\psi + j\sin\psi$$

当 $\psi = \pm 90°$ 时，则

$$e^{\pm j90°} = \cos 90° \pm j\sin 90° = \pm j \tag{3.3.12}$$

可见，任意一个相量乘以 $+j$ 后即逆时针（向前）旋转 $90°$；乘以 $-j$ 后即顺时针（向后）旋转 $90°$，所以 j 被称为一个旋转 $90°$ 的因子。

例 3.3.5　已知 $A_1 = 10 + j3$，$A_2 = -2 + j6$，求

（1）$A_1 + A_2$　　（2）$A_1 \cdot A_2$　　（3）$\dfrac{A_1}{A_2}$

解　（1）$A_1 + A_2 = (10 + j3) + (-2 + j6) = 8 + j9$

（2）$A_1 \cdot A_2 = (10 + j3) \cdot (-2 + j6) = -38 + j54$

（3）$\dfrac{A_1}{A_2} = \dfrac{10 + j3}{-2 + j6} = \dfrac{(10 + j3)(-2 - j6)}{(-2 + j6)(-2 - j6)} = \dfrac{-2 - j66}{40} = -\dfrac{1}{20} - j\dfrac{33}{20}$

3.3.5　基尔霍夫定律的相量形式

1. KCL 的相量形式

$$\sum_{k=1}^{n} i_k = 0$$

式中，i_k 可以是时间的任意函数。例如对于正弦交流电路，这些电流都是同频率的正弦量，仅是幅值和初相位不同而已。如改用电流的有效值相量则有

$$\sum_{k=1}^{n} \dot{I}_k = 0 \tag{3.3.13}$$

这即为 KCL 的相量形式。

2. KVL 的相量形式

依 KCL 的分析，同理可知，在正弦交流电路中，沿任一回路的 KVL 相量形式为

$$\sum_{k=1}^{n} \dot{U}_k = 0 \tag{3.3.14}$$

可以看出：在形式上，它们和直流电路的 KCL、KVL 表达式是一样的，只要将正弦交流电路中的电压和电流改用相量表示就可以了。

例 3.3.6　已知 $i_1 = 15\sqrt{2}\,\sin(\omega t + 45°)$ A，$i_2 = 10\sqrt{2}\,\sin(\omega t - 30°)$ A，求 $i = i_1 + i_2$ 的表达式，并画出相量图。

解　先转换成相量的形式进行运算。i_1、i_2 的相量分别为

$\dot{I}_1 = 15\angle 45° = 15(\cos 45° + \text{j}\sin 45°) = 15(0.707 + \text{j}0.707) = (10.61 + \text{j}10.61)$ A

$\dot{I}_2 = 10\angle -30° = 10[\cos(-30°) - \text{j}\sin 30°] = 10(0.866 - \text{j}0.5) = (8.66 - \text{j}5)$ A

总电流相量为

$$\dot{I} = \dot{I}_1 + \dot{I}_2 = (10.61 + \text{j}10.61) + (8.66 - \text{j}5)$$
$$= 19.27 + \text{j}5.61 = 20.07\angle 16.23° \text{ A}$$

最后将总电流的相量形式变换成正弦函数表达式为

$$i = 20.07\sqrt{2}\,\sin(\omega t + 16.23°) \text{ A}$$

其相量图如图 3.3.3 所示。

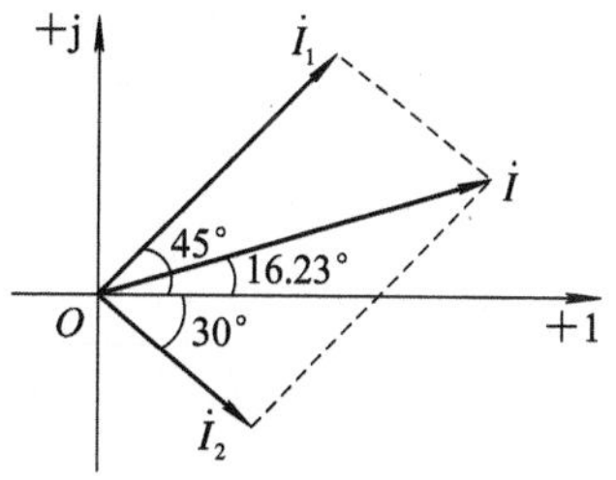

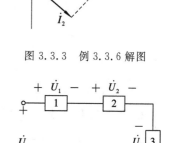

图 3.3.3　例 3.3.6 解图

例 3.3.7　在图 3.3.4 所示电路中，已知各元件上的电压分别为 $\dot{U}_1 = 5\angle 30°$ V、$\dot{U}_2 = 4\angle 60°$ V、$\dot{U}_3 = 2\angle 45°$ V，电源频率为 50 Hz，求总电压 u 的表达式。

解　取顺时针方向为回路绕行方向，列写 KVL 的相量形式，有

$$\dot{U} = \dot{U}_1 + \dot{U}_2 - \dot{U}_3$$
$$= 5\angle 30° + 4\angle 60° - 2\angle 45°$$
$$= 4.92 + \text{j}4.55 = 6.7\angle 42.76° \text{ V}$$

故

$$u = 6.7\sqrt{2}\,\sin(314t + 42.76°)\text{V}$$

图 3.3.4　例 3.3.7 的电路

3.4　R、L、C 单一元件的正弦交流电路

我们在前面已介绍了三种无源二端元件 R、L 和 C，在 u、i 取关联参考方向的前提下，它们各自的约束关系分别为 $u = Ri$、$u = L\dfrac{\text{d}i}{\text{d}t}$ 和 $i = C\dfrac{\text{d}u}{\text{d}t}$。这里的 u 和 i 可为时间的任意函数，在正弦交流电路中，u 和 i 便是时间的正弦函数。为了采用相量来求解正弦交流电路，有必要将这三种元件的约束关系由瞬时表达式转化为相量表达式并讨论其功率方面的一些内容。

3.4.1 电阻元件

1. 电压与电流的相量关系

图 3.4.1(a)是一个线性电阻 R 的交流电路,在电阻元件交流电路中 u 和 i 是两个同频率的正弦量,在数值上它们之间的关系满足欧姆定律,而在相位上 u 与 i 是同相的,如图 3.4.1(b)所示。另外,线性电阻 R 的阻值是与 u、i 的频率无关的。

如将大小和相位综合起来考虑,可用相量形式来表示电压与电流的关系为

$$\dot{U} = \dot{I}R \tag{3.4.1}$$

用相量图表示如图 3.4.1(c)所示。

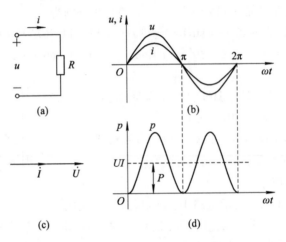

图 3.4.1 电阻元件的交流电路

2. 有功功率(平均功率)P

图 3.4.1(d)表示了线性电阻 R 的功率情况,在任意瞬间,把某元件的电压瞬时值和电流瞬时值的乘积称为该元件的瞬时功率,一般用小写字母 p 表示。对于线性电阻 R,它在任意时刻消耗的瞬时功率为

$$p = p_R = ui = U_m \sin\omega t \cdot I_m \sin\omega t = \frac{U_m I_m}{2}(1 - \cos 2\omega t)$$

$$= UI(1 - \cos 2\omega t) \tag{3.4.2}$$

由式(3.4.2)可看出:p 由两部分组成,第一部分是常数 UI;第二部分是幅值为 UI 并以 2ω 角频率随时间而变化的交变量,这两部分合成的结果表现为瞬时功率的曲线总是为正,即 $p \geqslant 0$,这说明电阻元件 R 在任何瞬间都是从电源吸收电能,并将电能转化为热能,这种转换是不可逆的能量转换过程,它与电阻 R 中某瞬间的电流方向无关。

瞬时功率虽能够充分表明电阻元件在交流电路中的物理特性,但由于它是一个随时间而变化的量,计算起来仍有不便,因此我们在进行计算时常取瞬时功率在一个周期内的平均值来表示电功率的大小,我们称之为平均功率并用大写字母 P 来表示,即有

$$P = \frac{1}{T}\int_0^T p \, \mathrm{d}t = UI = I^2 R = \frac{U^2}{R} \tag{3.4.3}$$

这里,用电压和电流的有效值来计算电阻元件所消耗的平均功率时,计算公式和直流

电路中计算功率的公式完全相同，这也从另外一个侧面说明了交流有效值的"含义"。

值得强调的是，由于平均功率就是实际消耗的功率，我们有时又称之为有功功率。有功功率的单位为瓦(W)或千瓦(kW)，它反映了一个周期内电路(这里为电阻 R)消耗电能的平均速率。关于"有功"二字的含义，要认真加以体会和注意。

例 3.4.1　交流电压 $u = 220\sqrt{2}\sin(314t + 30°)$ V 作用于 50 Ω 电阻的两端，试写出电流的瞬时值表达式并计算电路的平均功率。

解　设 u、i 为关联参考方向，电流的有效值为

$$I = \frac{U}{R} = \frac{220}{50} = 4.4 \text{ A}$$

又由于电阻电路中 u、i 同相位，故有

$$i = 4.4\sqrt{2}\sin(314t + 30°) \text{ A}$$

则电路的平均功率(也就是电阻元件 R 消耗的功率)为

$$P = UI = 220 \times 4.4 = 968 \text{ W}$$

3.4.2　电感元件

1. 电压与电流的相量关系

图 3.4.2(a)是一个线性电感 L 的交流电路，根据电感元件 L 的物理特性，在取关联参考方向的情况下，u_L 和 i_L 满足微分关系

$$u_L = L\frac{\mathrm{d}i_L}{\mathrm{d}t}$$

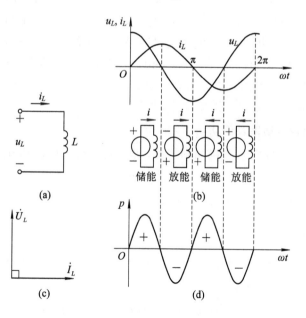

图 3.4.2　电感元件的交流电路

对直流电路而言，由于稳态时电感电流 i_L 为一恒定值，故这时没有感应电压 u_L，即 $u_L = 0$，所以在直流电路中电感元件 L 相当于两端短接；而在交流电路中，由于 i_L 随时间按正弦规律变化，就会在 L 两端产生感应电压 u_L，它仍为一正弦函数，这时它的物理特性是

阻碍电流的变化。

设 $i_L = I_m \sin\omega t$，则有

$$u_L = L\frac{di_L}{dt} = L\frac{d(I_m \sin\omega t)}{dt} = \omega L I_m \cos\omega t = \omega L I_m \sin(\omega t + 90°)$$

$$= U_m \sin(\omega t + 90°) \tag{3.4.4}$$

由此看出在理想电感电路中，u_L 和 i_L 是同频率的正弦量并且在相位上 u_L 超前电流 i_L 90°，如图 3.4.2(b) 所示。

如用一个相量式来表达电感中电压和电流之间的大小和相位的关系，则此相量式可表述为

$$\dot{U}_m = j\omega L\dot{I}_m$$

或

$$\dot{U} = j\omega L\dot{I} \tag{3.4.5}$$

若令 $X_L = \omega L$，则式(3.4.5)可写成

$$\dot{U} = jX_L\dot{I} \tag{3.4.6}$$

用相量图表示如图 3.4.2(c) 所示。

X_L 称为电感元件的感抗，它同样具有电阻的量纲，即其单位也是欧姆(Ω)，其大小与频率 f 及电感量 L 成正比。频率越高或者是电感量越大则感抗 X_L 就越大，它对电流的阻碍作用也就越大，所以在高频电路中 X_L 趋于很大，电感元件 L 可看做开路；而对直流电路来说，由于 $f = 0$，感抗 $X_L = 0$，此时电感元件就相当于短路，这和我们在前面所介绍的有关内容是十分符合的。

需注意的是，感抗 X_L 是电感中电压与电流的幅值或有效值之比，而不是瞬时值的比值，所以不能写成 $X_L = u/i$，这与电阻电路是不一样的。在电感元件中电压与电流之间成导数关系($u = L(di/dt)$)而不是正比关系。另外，电感元件中电压和电流的相量式 $\dot{U} = jX_L\dot{I}$，它既包含了电压与电流间的大小关系 $U = X_L I$，又包含了电压超前电流 90° 的概念。对于这一点我们要认真加以注意，在实际应用时要根据待求量的意义来进行分析考虑。

若电感中电流的初相不为零时，如 $\dot{I} = I\angle\psi_i$，则 $\dot{U} = U\angle(\psi_i + 90°)$，即对于电感元件而言，电压总要超前于电流 90°，其相位差 $\varphi = 90°$ 具有绝对性。

2. 电感元件的瞬时功率及无功功率

图 3.4.2(d) 表示线性电感 L 的功率情况，设电感元件中电流和电压为

$$i = I_m \sin\omega t$$

$$u = U_m \sin\left(\omega t + \frac{\pi}{2}\right)$$

则电感元件的瞬时功率为

$$p = ui = U_m \sin\left(\omega t + \frac{\pi}{2}\right) \cdot I_m \sin\omega t = U_m I_m \cos\omega t \sin\omega t$$

$$= UI \sin2\omega t \tag{3.4.7}$$

电感元件吸收的能量和释放的能量是相等的，这说明电感元件实际上是不消耗电能的，故其有功功率或平均功率应当为零。当然，这也可通过数学推导来说明

$$P = P_L = \frac{1}{T}\int_0^T p \, dt = \frac{1}{T}\int_0^T UI \sin2\omega t \, dt = 0$$

电感元件虽不消耗能量，但作为一种理想的电路元件，它在电路中要体现出自己本身

的物理属性,这一属性表现在它与电源要进行能量的交换。为了衡量这种能量交换的规模或程度,我们引入"无功功率"这一概念,规定无功功率等于瞬时功率的幅值。如用符号 Q 来表示无功功率,则电感元件的无功功率为

$$Q_L = UI = I^2 X_L = \frac{U^2}{X_L} \tag{3.4.8}$$

为了与有功功率相区别,无功功率 Q 的单位称为乏(Var)或千乏(kVar)。

需要说明的是,一个实际的电感元件总是含有一定内阻的,它可看成是该内阻与一个理想电感串联而成。

例 3.4.2　一个线圈的电感 $L = 10$ mH,设内阻忽略不计,接到 $u = 100\sqrt{2}\sin314t$ V 的电源上,求这时的感抗、电流和无功功率 Q,并画出相量图;若电压幅值不变,而频率变为 $f' = 50 \times 10^3$ Hz,问感抗和电流又为多少?

解　　　　　　　　　　$\omega = 314$ rad/s

$$X_L = \omega L = 314 \times 10 \times 10^{-3} = 3.14 \ \Omega$$

$$\dot{I} = \frac{\dot{U}}{jX_L} = \frac{100\angle 0°}{j3.14} \approx 31.8\angle -90° \ \text{A}$$

$$Q_L = UI = 100 \times 31.8 = 3180 \ \text{Var}$$

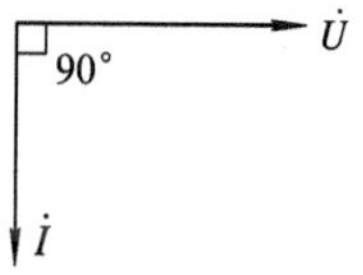

相量图如图 3.4.3 所示。

当 $f' = 50 \times 10^3$ Hz 时,有

图 3.4.3　例 3.4.2 解图

$$X_L' = 2\pi f'L = 2\pi \times 50 \times 10^3 \times 10 \times 10^{-3} = 3140 \ \Omega$$

$$\dot{I} = \frac{\dot{U}}{jX_L'} = \frac{100\angle 0°}{j3140} \approx 3.18\angle -90° \ \text{mA}$$

3.4.3　电容元件

1. 电压与电流的相量关系

图 3.4.4(a)是一个线性电容 C 的交流电路,在取关联参考方向的情况下,u_C 和 i_C 满足微分关系

$$i_C = C\frac{\mathrm{d}u_C}{\mathrm{d}t}$$

对于直流电路而言,由于稳态时电容中电压 u_C 为一恒定电压,其变化率为零,这时电容中无电流通过,即 $i_C = 0$,所以在直流电路中电容元件相当于两端开路;而在正弦交流电路中,由于电容 C 不断进行充电和放电,这时 u_C、i_C 均随时间按正弦规律变化。

设 $u_C = U_m\sin\omega t$,则有

$$i_C = C\frac{\mathrm{d}u_C}{\mathrm{d}t} = C \cdot \frac{\mathrm{d}(U_m\sin\omega t)}{\mathrm{d}t}$$

$$= \omega C \cdot U_m\cos\omega t$$

$$= \omega C \cdot U_m\sin(\omega t + 90°)$$

$$= I_m\sin(\omega t + 90°)$$

可见,在理想电容电路中,u_C 和 i_C 都是同频率的正弦量,在相位上 u_C 滞后 i_C 90°,如图 3.4.4(b)所示。

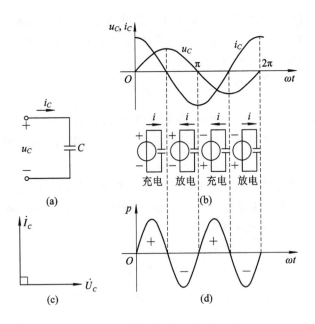

图 3.4.4　电容元件的交流电路

如果规定当电压超前于电流时，其相位差 φ 为正；当电压滞后于电流时，φ 为负。这样做是为了便于说明电路是电感性的还是电容性的。对电感元件，$\varphi = 90°$；对电容元件，$\varphi = -90°$。

电容电压和电流间的相量式可表述为

$$\dot{U}_{\mathrm{m}} = \frac{1}{\mathrm{j}\omega C}\dot{I}_{\mathrm{m}} = -\mathrm{j}\,\frac{1}{\omega C}\dot{I}_{\mathrm{m}}$$

或

$$\dot{U} = \frac{1}{\mathrm{j}\omega C}\dot{I} = -\mathrm{j}\,\frac{1}{\omega C}\dot{I} \qquad\qquad (3.4.9)$$

若令 $X_C = \dfrac{1}{\omega C}$，则式(3.4.9)可写成

$$\dot{U} = -\mathrm{j}X_C\dot{I} \qquad\qquad (3.4.10)$$

用相量图表示如图 3.4.4(c)所示。

X_C 称为电容元件的容抗，其单位同样是欧姆，其大小与频率 f 及电容 C 成反比。当电压一定时，频率 f 越高、电容越大，则容抗 X_C 就越小，它对电流的阻碍作用就越小，即电流 I 越大。所以在高频电路中当 X_C 趋于零时，电容元件可视为短路；而对直流电路而言，由于 $f = 0$，$X_C = \infty$，此时电容元件就可视为开路，这也与先前所讨论的结果相同，因此电容元件可以起到传输交流、隔离直流的作用。

直观地来说，X_C 与 f、C 成反比，这是因为 f 越高时电容器的充电和放电进行得越快，在同样电压作用下单位时间内电荷的移动量就越多，因而电流越大，也就是对应于 X_C 越小；当电容 C 越大时，在同样电压下电容器所能容纳的电荷量就越多，因而电流越大。

2. 电容元件的瞬时功率及无功功率

图 3.4.4(d)表示线性电容 C 的功率情况，电容元件的瞬时功率为

$$p = ui = U_{\mathrm{m}}\sin\omega t \cdot I_{\mathrm{m}}\sin(\omega t + 90°) = U_{\mathrm{m}}I_{\mathrm{m}}\sin\omega t\,\cos\omega t$$

$$= UI\,\sin 2\omega t$$

可以看出，电容元件吸收的功率与释放的功率相等，所以其平均功率为零，说明理想电容元件也不消耗功率，即有

$$P = P_C = \frac{1}{T}\int_0^T p \; \mathrm{d}t = \frac{1}{T}\int_0^T UI \; \sin2\omega t \; \mathrm{d}t = 0$$

电容元件的无功功率 Q_C 表明电容器与电源之间能量交换的规模或程度，它仍定义为瞬时功率的幅值，但为了与电感元件相区别以及讨论问题方便起见，我们取电容元件的无功功率为负值，这时有

$$Q_C = -UI = -I^2 X_C = -\frac{U^2}{X_C} \tag{3.4.11}$$

它的单位同样为乏(Var)或千乏(kVar)。

例 3.4.3 一个绝缘良好的电容器的电容 $C = 10 \; \mu\mathrm{F}$，接到 $u = 220\sqrt{2}\; \sin314t$ V 的电源上，试求容抗 X_C、电流相量 $\dot{I}$、电流 i 的瞬时值表达式及无功功率。

解

$$X_C = \frac{1}{\omega C} = \frac{1}{314 \times 10 \times 10^{-6}} = 318.47 \; \Omega$$

$$\dot{I} = \frac{\dot{U}}{-\mathrm{j}X_C} = \frac{220\angle 0°}{318.47\angle -90°} = 0.69\angle 90° \; \mathrm{A}$$

$$i = 0.69\sqrt{2}\; \sin(314t + 90°) \; \mathrm{A}$$

$$Q_C = -UI = -220 \times 0.69 = -151.8 \; \mathrm{Var}$$

3.5 *RLC* 串联交流电路

RLC 串联交流电路如图 3.5.1(a)所示，改用相量形式后的相量模型图如图 3.5.1(b)

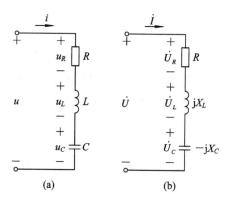

图 3.5.1 *RLC* 串联交流电路

所示，根据 KVL 可写出瞬时值表达式为

$$u = u_R + u_L + u_C = RI_m \sin\omega t + \omega L I_m \sin(\omega t + 90°) + \frac{1}{\omega C}I_m \sin(\omega t - 90°)$$

相量表达式为

$$\dot{U} = \dot{U}_R + \dot{U}_L + \dot{U}_C$$

$$= R\dot{I} + \mathrm{j}\omega L\dot{I} - \mathrm{j}\frac{1}{\omega C}\dot{I} = \left[R + \mathrm{j}\left(\omega L - \frac{1}{\omega C}\right)\right]\dot{I}$$

$$= (R + \mathrm{j}X)\dot{I} = Z\dot{I} \qquad\qquad (3.5.1)$$

其中，Z 为 R、L、C 元件串联后的总阻抗

$$Z = R + \mathrm{j}\left(\omega L - \frac{1}{\omega C}\right) = R + \mathrm{j}X = \sqrt{R^2 + X^2}\angle\arctan\frac{X}{R}$$

$$= |Z|\angle\varphi \qquad\qquad (3.5.2)$$

因为 Z 是阻抗的复数形式，故又称为复阻抗。其实部是电阻部分，表达了阻抗的耗能性质；虚部是电抗部分，表达了阻抗的储能与交换性质。

注意 Z 是复数而不是正弦量，其模为 $|Z|$，阻抗角为 φ，则有

$$\left.\begin{array}{l} |Z| = \sqrt{R^2 + X^2} = \sqrt{R^2 + (X_L - X_C)^2} \\[2mm] \varphi = \arctan\dfrac{X}{R} = \arctan\dfrac{X_L - X_C}{R} \end{array}\right\} \qquad (3.5.3)$$

$|Z|$、R、X 三者之间的关系可用一个直角三角形即阻抗三角形来表示，如图 3.5.2 所示，图 3.5.3 为 RLC 串联电路的相量图。

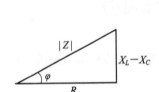

图 3.5.2　阻抗三角形

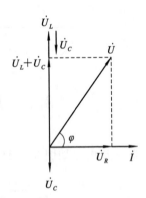

图 3.5.3　RLC 串联电路的相量图

当 $X_L > X_C$ 时，$\varphi > 0$，此时感抗大于容抗，整个串联电路呈电感性；当 $X_L < X_C$ 时，$\varphi < 0$，电路呈电容性；当 $X_L = X_C$ 时，$\varphi = 0$，此时阻抗最小，电路呈电阻性，这时称电路发生了串联谐振。

例 3.5.1　RLC 串联交流电路中，已知 $R = 1000\ \Omega$，$L = 500\ \mathrm{mH}$，$C = 0.5\ \mu\mathrm{F}$，电源电压 $u = 220\sqrt{2}\ \sin 1000t\ \mathrm{V}$，试求电流 i、电压 u_L 和 u_C 并画出相量图。

解　等效复数阻抗为

$$Z = R + \mathrm{j}X_L - \mathrm{j}X_C$$

$$= 1000 + \mathrm{j}\left(1000 \times 500 \times 10^{-3} - \frac{1}{1000 \times 0.5 \times 10^{-6}}\right) = 1000 - \mathrm{j}1500$$

$$\approx 1803\angle -56.3°\ \Omega（容性负载）$$

因为　　　　　　　　　　　　　　$\dot{U} = 220\angle 0°\ \mathrm{V}$

故　　　　　　　$\dot{I} = \dfrac{\dot{U}}{Z} = \dfrac{220\angle 0°}{1803\angle -56.3°} = 0.122\angle 56.3°\ \mathrm{A}$

$$\dot{U}_R = R\dot{I} = 1000 \times 0.122\angle 56.3° = 122\angle 56.3°\ \text{V}$$

$$\dot{U}_L = \mathrm{j}X_L\dot{I} = \mathrm{j}500 \times 0.122\angle 56.3° = 61\angle 146.3°\ \text{V}$$

$$\dot{U}_C = -\mathrm{j}X_C\dot{I} = -\mathrm{j}2000 \times 0.122\angle 56.3°$$

$$= 244\angle -33.7°\ \text{V}$$

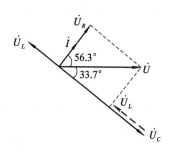

所以

$$i = 0.122\sqrt{2}\ \sin(1000t + 56.3°)\ \text{A}$$

$$u_L = 61\sqrt{2}\ \sin(1000t + 146.3°)\ \text{V}$$

$$u_C = 244\sqrt{2}\ \sin(1000t - 33.7°)\ \text{V}$$

图 3.5.4　例 3.5.1 解图

相量图如图 3.5.4 所示。

3.6　复阻抗电路

在实际电路中，许多元件本身就是复阻抗，并且许多交流电路都是通过阻抗的串联、并联和混联来构成的。

3.6.1　阻抗的串联

当多个阻抗串联时，有

$$Z = \sum_{k=1}^{n} Z_k = \sum_{k=1}^{n} R_k + \mathrm{j}\sum_{k=1}^{n} X_k = |Z|\angle\varphi$$

其中
$$|Z| = \sqrt{(\Sigma R_k)^2 + (\Sigma X_k)^2}$$

$$\varphi = \arctan\frac{\Sigma X_k}{\Sigma R_k} \tag{3.6.1}$$

这说明电路的总阻抗等于各部分阻抗相加，即串联总阻抗的电阻值等于各部分电阻之和，总电抗等于各部分电抗的代数和。其中感抗取正号，容抗取负号。

各阻抗的分压为

$$\dot{U}_k = \dot{I}Z_k = \frac{\dot{U}}{Z}Z_k \tag{3.6.2}$$

有一点需特别注意，在一般情况下
$$|Z| \neq |Z_1| + |Z_2| + \cdots + |Z_n|$$

3.6.2　阻抗的并联

两个阻抗的并联可用一个等效阻抗 Z 来代替，并且有

$$\frac{1}{Z} = \frac{1}{Z_1} + \frac{1}{Z_2}$$

或
$$Z = \frac{Z_1 \cdot Z_2}{Z_1 + Z_2} \tag{3.6.3}$$

若 n 个阻抗并联，则可推广为

$$\frac{1}{Z} = \sum_{k=1}^{n} \frac{1}{Z_k}$$

各阻抗的分流为(以两阻抗并联为例)

$$\begin{cases} \dot{I}_1 = \dfrac{\dot{U}}{Z_1} = \dfrac{Z_2}{Z_1 + Z_2}\dot{I} \\[3mm] \dot{I}_2 = \dfrac{\dot{U}}{Z_2} = \dfrac{Z_1}{Z_1 + Z_2}\dot{I} \end{cases} \tag{3.6.4}$$

对于阻抗的并联我们同样要注意,在一般情况下

$$\frac{1}{\mid Z \mid} \neq \frac{1}{\mid Z_1 \mid} + \frac{1}{\mid Z_2 \mid} + \cdots + \frac{1}{\mid Z_n \mid}$$

例 3.6.1　电路如图 3.6.1 所示,已知 $u = 100\sqrt{2}\,\sin314t$ V, $R_1 = 10$ Ω, $R_2 = 1000$ Ω, $L = 500$ mH, $C = 10$ μF, 求电容电压 u_C。

解　　　　　　　　　$\dot{U} = 100\angle0°$ V

$$X_L = \omega L = 314 \times 500 \times 10^{-3} = 157 \ \Omega$$

$$X_C = \frac{1}{\omega C} = \frac{1}{314 \times 10 \times 10^{-6}} = 318.47 \ \Omega$$

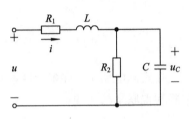

图 3.6.1　例 3.6.1 的电路

R_2 与 X_C 并联的等效阻抗为

$$Z' = \frac{R_2(-\mathrm{j}X_C)}{R_2 - \mathrm{j}X_C} = \frac{1000(-\mathrm{j}318.47)}{1000 - \mathrm{j}318.47}$$

$$= 92.08 - \mathrm{j}289 = 303.3\angle-72.33° \ \Omega$$

总等效阻抗为

$$Z = R_1 + \mathrm{j}X_L + Z' = 10 + \mathrm{j}157 + 92.08 - \mathrm{j}289$$

$$= 102.08 - \mathrm{j}132 = 167\angle-52.31° \ \Omega$$

故有

$$\dot{I} = \frac{\dot{U}}{Z} = \frac{100\angle0°}{167\angle-52.31°} = 0.599\angle52.31° \ \text{A}$$

$$\dot{U}_C = \dot{I}Z' = 0.599\angle52.31° \times 303.3\angle-72.33° = 181.7\angle-20.02° \ \text{V}$$

$$u_C = 181.7\sqrt{2}\,\sin(314t - 20.02°) \ \text{V}$$

3.7　正弦交流电路的功率

3.7.1　瞬时功率和有功功率

设交流负载的端电压 u 与 i 之间存在相位差 φ。φ 的大小和正负由负载的具体情况确定。因此负载的端电压 u 和 i 之间的关系可表示为

$$i = I_m\,\sin\omega t$$

$$u = U_m\,\sin(\omega t + \varphi)$$

负载取用的瞬时功率为

$$p = ui = U_m I_m\,\sin\omega t\,\sin(\omega t + \varphi) = 2UI\,\sin\omega t\,\sin(\omega t + \varphi)$$

$$= UI\,\cos\varphi - UI\,\cos(2\omega t + \varphi) \tag{3.7.1}$$

由式(3.7.1)可以看出瞬时功率是随时间变化的,当瞬时功率为正时,表示负载从电源吸收功率;为负时表示从负载中的储能元件(L 或 C)释放出能量送回到电源。

上述瞬时功率的平均值（即有功功率）为

$$P = \frac{1}{T}\int_0^T p\,\mathrm{d}t = \frac{1}{T}\int_0^T \left[UI\cos\varphi - UI\cos(2\omega t + \varphi)\right]\mathrm{d}t = UI\cos\varphi \quad (3.7.2)$$

可见，有功功率等于电路端电压有效值 U 和流过负载的电流有效值 I 的乘积再乘以 $\cos\varphi$。$\cos\varphi$ 称为该负载或电路的功率因数，且 $\cos\varphi \leqslant 1$。

3.7.2 无功功率

不论电路的结构怎样，一个二端网络所消耗的无功功率等于该二端网络的端电压有效值与端口电流的有效值的乘积再乘以 $\dot{U}$ 与 $\dot{I}$ 之间的相位差 φ 的正弦，即

$$Q = UI\sin\varphi \quad (3.7.3)$$

需要注意的是，Q 不仅用来表示电路的无功功率，也用来表示 LC 回路的品质因数，关于品质因数的说明将在稍后内容中介绍。

3.7.3 视在功率和功率三角形

对于某个二端网络，它的视在功率等于其端电压有效值 U 和电流有效值 I 的乘积，习惯上以大写字母 S 表示视在功率，即

$$S = UI \quad (3.7.4)$$

视在功率的单位是伏安（VA）或千伏安（kVA）。

平均功率、无功功率和视在功率间存在着一定的联系，即

$$S = \sqrt{P^2 + Q^2} \quad (3.7.5)$$

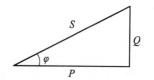

图 3.7.1 功率三角形

显然，S 和 P、Q 之间的关系也呈一个直角三角形的关系，我们称之为功率三角形，如图 3.7.1 所示。如果是针对同一电路，它和先前所述的阻抗三角形和电压三角形（如图 3.5.3 所示）是相似三角形。

需要说明的是，虽然视在功率 S 具有功率的量纲，但它与有功功率和无功功率是有区别的。视在功率的实际意义在于它表明交流电气设备能够提供或取用功率的能力。交流电气设备的能力是由预先设计的额定电压和额定电流来确定的，我们有时称之为容量。

例 3.7.1 求图 3.7.2 中正弦交流电路的有功功率 P 和无功功率 Q。

解
$$\dot{I} = \dot{I}_1 + \dot{I}_2 = \frac{100\angle 0°}{8 + \mathrm{j}6} + \frac{100\angle 0°}{3 - \mathrm{j}4} = 20 + \mathrm{j}10 = 22.36\angle 26.6° \text{ A}$$

$$P = UI\cos\varphi = 100 \times 22.36 \times \cos(-26.6°) = 2000 \text{ W}$$

$$Q = UI\sin\varphi = -1000 \text{ Var}$$

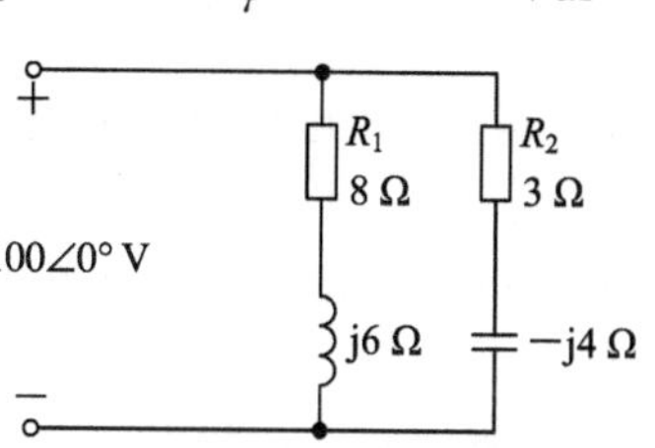

图 3.7.2 例 3.7.1 的电路

例 3.7.2　在图 3.7.3 所示二端网络中，已知 $\dot{I}=10\angle-15°$ A，$Z=10\angle30°$ Ω，求其视在功率 S 及功率因数。

解

$$\dot{U}=\dot{I}Z=100\angle15° \text{ V}$$

$$S=UI=100\times10=1000 \text{ VA}$$

$$\cos\varphi=\cos30°=0.866$$

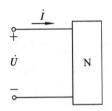

图 3.7.3　例 3.7.2 的电路

3.7.4　功率因数及其提高

由前面的讨论可知电路的功率因数等于有功功率(或平均功率)与视在功率的比值，即

$$\cos\varphi=\frac{P}{UI}=\frac{P}{S}$$

根据电压三角形和阻抗三角形，功率因数也可以表示为

$$\cos\varphi=\frac{U_R}{U}=\frac{R}{|Z|} \tag{3.7.6}$$

可见，电路功率因数的大小取决于电路中负载的性质和参数。例如电阻炉和白炽灯可看成是电阻负载，它们只消耗电能，$\cos\varphi=1$；而大量使用的交流异步电动机可看成是电阻与电感的串联，它既要消耗电能带动机械转动，又要与电源进行能量交换，其功率因数一般较低，约在 0.5～0.85 之间。功率因数小于 1，说明电源与负载之间发生能量交换，出现了无功功率 $Q=UI \sin\varphi$，这将会给供电系统带来不良后果，现从两方面加以说明。

1. 电源设备的容量得不到充分利用

当负载的功率因数 $\cos\varphi<1$ 时，电源设备能够供给负载的平均功率小于它的容量，即

$$P=UI \cos\varphi<S$$

这说明电源设备的容量得不到充分利用，$\cos\varphi$ 越小，P 和 S 的差值越大，电源设备的利用率也就越低。

2. 增加了供电线路的电压损失和功率损失

在一定的电源电压下，如果向负载输送一定的平均功率 P，则供电线路上的电流为

$$I=\frac{P}{U \cos\varphi}$$

可见，当 P、U 不变时，$\cos\varphi$ 越低，供电线路上的电流 I 也就越大，其不利影响可体现在以下两点：

(1) 供电线路上电流的增加使得供电线路上的电压降增大，这将导致用户的端电压降低，影响供电质量。

(2) 设供电线路的内阻为 R_0，则线路功率损耗 ΔP 为

$$\Delta P=I^2R_0=\left(\frac{P}{U \cos\varphi}\right)^2R_0$$

即当电源电压 U 和输送的有功功率 P 不变时，线路上的功率损耗与电流的平方成正比，或者说 $\cos\varphi$ 下降将引起 ΔP 明显增加。总之，负载的功率因数低会造成供电设备不能充分发挥效能，这是一种很大的浪费。我国电力部门规定电力用户功率因数不应低于 0.9，否则将不予供电。

在实际供电线路中，功率因数低的根本原因是线路上接有大量的电感性负载，它们通过线路与发电设备进行大量的能量交换，使线路中电流增加，造成功率因数下降。

所谓提高功率因数，就是在不改变感性负载原有电压、电流并保证感性负载同样能取得所需要的无功功率的条件下，通过在感性负载两端并联电容来提高整个电路的功率因数。并联电容后减少了感性负载与电源的能量交换规模，具体电路及各电量的相量关系如图 3.7.4 所示。

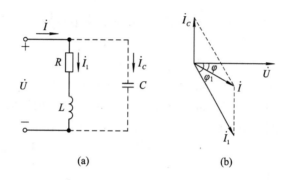

图 3.7.4　功率因数的提高

并联电容后，感性负载的电流和功率因数不变，仍为

$$I_1 = \frac{U}{\sqrt{R^2 + X_L^2}}$$

$$\cos\varphi_1 = \frac{R}{\sqrt{R^2 + X_L^2}}$$

而电源电压和线路电流之间的相位差 φ 却变小了，即 $\cos\varphi$ 变大了。此时电源与负载之间的能量交换减少，感性负载所需的无功功率的大部分或全部由并联电容供给，也就是说，能量交换主要或完全在感性负载和电容之间进行，因而使电源设备的负担减轻，从图 3.7.4(b) 中相量图可以看出，并电容前，电源的功率因数就是负载的功率因数 $\cos\varphi_1$，电源电流就是感性负载中的电流 I_1；并电容后，由于电源供给的无功功率减少，使得电源电流 I 小于负载电流 I_1，电源的功率因数由原来的 $\cos\varphi_1$ 增大到 $\cos\varphi$。

并联电容的大小取决于提高后的功率因数，在电源电压 U 和负载的平均功率 P 一定的条件下，功率因数由 $\cos\varphi_1$ 提高到 $\cos\varphi$ 所需电容 C 的大小可用下述方法计算。

由图 3.7.4(b) 可以看出，通过电容的电流为

$$
\begin{aligned}
I_C &= I_1 \sin\varphi_1 - I \sin\varphi \\
&= \frac{P}{U \cos\varphi_1} \sin\varphi_1 - \frac{P}{U \cos\varphi} \sin\varphi \\
&= \frac{P}{U}(\tan\varphi_1 - \tan\varphi)
\end{aligned}
\tag{3.7.7}
$$

又因为 $I_C = \dfrac{U}{X_C} = \omega C U$，代入式(3.7.7)可解出

$$C = \frac{P}{\omega U^2}(\tan\varphi_1 - \tan\varphi) \tag{3.7.8}$$

上述提高功率因数的方法是用容性无功功率去补偿感性无功功率，以减轻电源的负担，这个电容一般称为补偿电容。实际上，对于每个感性负载都并上一个电容来提高功率因数是不经济的，一般采用集中补偿的方法，即对于每个用电单位，集中用一组电容来补偿该单位中所有的感性负载的无功功率。从理论上讲，将 $\cos\varphi$ 提高到 1 时，电源设备可以得到最充分的利用，但从经济指标上讲，供电部门只要求用户将 $\cos\varphi$ 提高到 0.9 以上就可以了。

3.8　电路中的串联谐振

在具有电感和电容元件的电路中，电路两端的总电压与电路中的电流一般是不同相的，当调节电感、电容或者调节电源的频率使总电压相量与电流相量同相时，电路中就产生了谐振现象。产生谐振现象的电路称为谐振电路。研究谐振的目的就是要认识这种客观现象，并在生产上充分利用谐振特性，同时又要预防它所产生的危害。按照发生谐振的电路不同，谐振可分为串联谐振和并联谐振，在本章中主要讨论串联谐振。

3.8.1　串联谐振条件

图 3.8.1(a)所示为 RLC 串联电路的相量模型图，我们在讨论 RLC 串联电路时已知，当 $X_L = X_C$ 时，$\varphi = 0$，此时阻抗最小，电路呈电阻性，这时称电路发生了串联谐振，发生谐振时的相量图如图 3.8.1(b)所示。

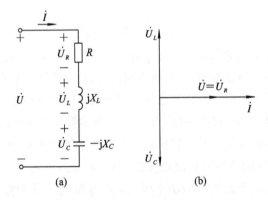

(a)　　　　　　　　　　(b)

图 3.8.1　串联谐振

当发生串联谐振时，因 $\dot{U}$ 与 $\dot{I}$ 同相，这时电路的等效复数阻抗的虚部应等于零，即

$$X_L = X_C \quad 或 \quad \omega L = \frac{1}{\omega C} \tag{3.8.1}$$

将式(3.8.1)整理后可得

$$\omega_0 = \frac{1}{\sqrt{LC}} \quad 或 \quad f_0 = \frac{1}{2\pi\sqrt{LC}} \tag{3.8.2}$$

式中，ω_0 和 f_0 分别称为谐振角频率和谐振频率。

3.8.2　串联谐振的特性

（1）谐振时 $X_L = X_C$，电路阻抗为

$$Z = R + j(X_L - X_C) = R$$

（2）在电源电压不变的情况下，因阻抗值最小，故这时电流值达到最大。

$$I = I_0 = \frac{U}{R}$$

（3）由于 $X_L = X_C$，所以电感两端与电容两端的电压有效值的大小相等、相位相反，即 $\dot{U}_L = -\dot{U}_C$，这时总体对外呈抵消状态，故此时电源电压 $\dot{U} = \dot{I}_0 R = \dot{U}_R$。但若 $X_L = X_C \gg R$，则 $U_L = U_C \gg U$，即出现了电路中部分电压远大于电源电压的现象，基于此我们有时又将串联谐振称为电压谐振。电感或电容上产生过电压可能导致线圈和电容的绝缘层被击穿，危及设备和人身安全，对此我们要有充分的认识和注意。

（4）因谐振时电流与总电压同相，故阻抗角 $\varphi = 0$，电路呈纯电阻性，电路的有功功率为

$$P = UI \cos\varphi = UI = S$$

而无功功率

$$Q = UI \sin\varphi = 0$$

这说明在串联谐振时电源供给的能量全部是有功功率并被电阻所消耗，电源与电路之间不发生能量的互换，能量的互换仅发生在电感线圈与电容器之间。

（5）发生串联谐振时，电感电压或电容电压的有效值与总电压有效值之比等于电路的品质因数 Q。即

$$Q = \frac{U_L}{U} = \frac{U_C}{U} = \frac{IX_L}{IR} = \frac{X_L}{R} = \frac{X_C}{R}$$

$$= \frac{\omega_0 L}{R} = \frac{1}{\omega_0 CR} = \frac{1}{R}\sqrt{\frac{L}{C}} \tag{3.8.3}$$

品质因数表明在串联谐振时，电感或电容元件上的电压是总电压的 Q 倍。

LC 回路的品质因数 Q 的物理意义：它表示 LC 回路在一个周期中损耗能量的快慢程度，其值为回路储存的总能量与一个周期内损耗的能量之比。

例 3.8.1　RLC 串联工频交流电路中，已知电源电压 $U = 220$ V，电流 $I = 10$ A，且 u 与 i 同相，电感电压 $U_L = 471$ V，求 R、L 和 C 值。

解　因为 u 与 i 同相，电路发生串联谐振，故有

$$R = \frac{U}{I} = \frac{220}{10} = 22\ \Omega$$

$$\omega L = \frac{U_L}{I} = \frac{471}{10} = 47.1\ \Omega$$

$$L = \frac{47.1}{314} = 0.15\ \text{H}$$

$$\frac{1}{\omega C} = \omega L = 47.1\ \Omega$$

$$C = \frac{1}{314 \times 47.1} = 67.6 \ \mu\text{F}$$

例 3.8.2　图 3.8.2 所示正弦交流电路，已知 $u = 100\sqrt{2}\ \sin 10^4 t\ \text{V}$，电容调至 $C = 0.2\ \mu\text{F}$ 时，电流表读数最大，$I_{\max} = 10\ \text{A}$，求 R、L。

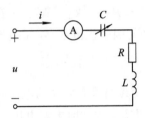

图 3.8.2　例 3.8.2 的电路

解　由 $I = \dfrac{U}{\sqrt{R^2 + \left(\omega L - \dfrac{1}{\omega C}\right)^2}}$ 可知，

当 $\omega L = \dfrac{1}{\omega C}$ 时，电路发生串联谐振，电流 I 有最大值，故

$$R = \frac{U}{I_{\max}} = 10\ \Omega$$

$$L = \frac{1}{\omega^2 C} = \frac{1}{10^8 \times 0.2 \times 10^{-6}} = 0.05\ \text{H}$$

3.8.3　串联谐振的应用

串联谐振在无线电工程中的应用较为广泛。例如收音机的接收电路就是利用串联谐振来选择电台信号的，每个电台都有它自己的广播频率，即发射不同频率的电磁波信号。

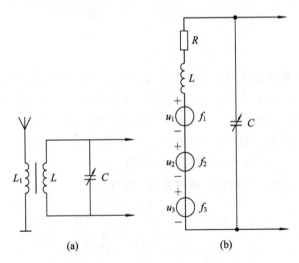

图 3.8.3　收音机接收电路

各种频率信号经过收音机天线时，如图 3.8.3(a) 所示，就会在天线线圈 L_1 中感应出各种频率的电信号，由于天线线圈与 LC 电路的互感作用，又在 LC 回路中感应出不同频率

的电信号 u_1、u_2、u_3…，其示意图如图 3.8.3(b)所示。如果调节可变电容 C，使电路对某一电台频率信号产生谐振，那么这时 LC 回路中该频率的信号最大，在可变电容两端这种频率的电压也就最高。该频率的电压经过处理与放大，然后转变成声音传播出来，人们就接收到了这种频率的广播节目。而对于其他频率的信号，虽然也出现在收音机的接收电路中，但由于电路对它们没有发生谐振，电路呈现的阻抗很大，电流很小，在可变电容两端产生的电压很低，所以人们也就收听不到这些频率的广播节目，这样接收电路就起到了选择某电台信号而抑制其他电台信号干扰的作用。

最后，再来讨论一下有关谐振曲线方面的一些内容。在 RLC 串联电路中，在电压一定的条件下，对应于不同频率可求出不同的电流有效值。我们把电流与频率之间的关系曲线称为谐振曲线，如图 3.8.4(a)所示。

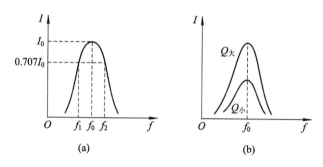

图 3.8.4　谐振曲线

在谐振曲线中，把电流值等于谐振电流 I_0 的 $70.7\%\left(\text{或}\dfrac{1}{\sqrt{2}}\right)$ 的两处频率值分别称为下限频率 f_1 和上限频率 f_2，它们之间的频率间隔称为通频带宽度 f_{bw}，即

$$f_{bw} = \Delta f = f_2 - f_1 \qquad (3.8.4)$$

它是一个反映交流电路对信号频率适应能力的指标。

另外，谐振曲线的尖锐或平坦与电路的品质因数 Q 有关，如图 3.8.4(b)所示，在 L、C 不变的条件下，品质因数 Q 值越大，说明电路中 R 越小，电流值就越大，谐振曲线也就越尖锐，这时在电容 C 两端的电压值 U_C 也就越大，因此 Q 值越大，串联谐振电路的选择性就越强。可以发现品质因数 Q、谐振频率 f_0 和通频带宽度 $f_{bw}(\Delta f)$ 之间存在如下关系

$$Q = \frac{f_0}{\Delta f} \qquad (3.8.5)$$

例 3.8.3　一台收音机磁棒线圈的等效电阻 $R = 20\ \Omega$，电感 $L = 250\ \mu H$，调节电容器用以收听某电台 990 kHz 的节目，求这时的电容值及电路的品质因数。

解　由公式 $f_0 = \dfrac{1}{2\pi\sqrt{LC}}$ 可得

$$C = \frac{1}{(2\pi f_0)^2 L} = \frac{1}{(2\pi \times 990 \times 10^3)^2 \times 250 \times 10^{-6}} = 103.48\ \text{pF}$$

电路的品质因数为

$$Q = \frac{\omega_0 L}{R} = \frac{2\pi \times 990 \times 10^3 \times 250 \times 10^{-6}}{20} = 77.72$$

3.9 复杂正弦交流电路的稳态分析

对于较为复杂的正弦交流电路，不论电路的结构怎样，电路中的有关电流相量和电压相量都应遵守相应的 KCL 和 KVL 的相量形式，并且每个元件的端电压相量和电流相量之间也必须遵守元件约束关系的相量形式。所以我们在前面所阐述的电路分析方法同样可用来对正弦交流电路进行分析与计算。但必须注意的是，电压和电流应以相量表示，各种元件参数要用复数阻抗来表示。

例 3.9.1 图 3.9.1 所示正弦交流电路中，已知 $U=10$ V，$I=\sqrt{2}$ A，电路有功功率 $P=10$ W，求 R 和 ωL。

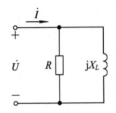

图 3.9.1 例 3.9.1 的电路

解 因为在电路中只有电阻消耗有功功率，故

$$R=\frac{U^2}{P}=10\ \Omega,\qquad I_R=\frac{U}{R}=1\ \text{A}$$

$$I_L=\sqrt{I^2-I_R{}^2}=\sqrt{2-1}=1\ \text{A}$$

$$\omega L=\frac{U}{I_L}=10\ \Omega$$

例 3.9.2 日光灯电路在正常工作时实际上就是一个 R、L 串联电路。今测其实际工作电压 $U=220$ V，电流 $I=0.36$ A，功率 $P=44.6$ W，试求 R 和 L，并求其功率因数。

解

$$\cos\varphi=\frac{P}{UI}=\frac{44.6}{220\times0.36}=0.563$$

$$R=\frac{P}{I^2}=\frac{44.6}{(0.36)^2}=344\ \Omega$$

又因

$$\cos\varphi=\frac{R}{\sqrt{R^2+X_L{}^2}}$$

代入相关数值后求得

$$X_L=\omega L=505\ \Omega$$

$$L=\frac{X_L}{\omega}=\frac{505}{314}\approx1.61\ \text{H}$$

例 3.9.3 设有一台有铁心的工频感应加热炉，其额定功率 P_N 为 100 kW，额定电压为 380 V，功率因数为 0.707。

(1) 设电炉在额定电压和额定功率下工作，求它的额定视在功率 S_N 和无功功率 Q_N；

(2) 设负载的等效电路由串联 R、L 元件组成，求出它的等效参数 R 和 L。

解　（1）
$$S_N = \frac{P_N}{\cos\varphi} = \frac{100}{0.707} = 141.4 \text{ kVA}$$

$$\varphi = \arccos 0.707 = 45°$$

$$Q_N = S_N \sin\varphi = 141.4 \times 0.707 = 100 \text{ KVar}$$

（2）
$$I_N = \frac{P_N}{U_N \cos\varphi} = \frac{100 \times 10^3}{380 \times 0.707} = 372 \text{ A}$$

$$R = \frac{P_N}{I_N^2} = \frac{100 \times 10^3}{(372)^2} = 0.72 \text{ }\Omega$$

$$X_L = \tan\varphi \cdot R = \tan 45° \times 0.72 = 0.72 \text{ }\Omega$$

$$L = \frac{X_L}{2\pi f} = \frac{0.72}{314} = 0.0023 \text{ H} = 2.3 \text{ mH}$$

例 3.9.4　正弦交流电路如图 3.9.2 所示,当开关 S 打开或闭合时,电流表、功率表读数均不变。已知正弦交流电源频率为 50 Hz,$U = 250$ V,$I = 5$ A,$P = 1000$ W,试求 R 和 C。

解　开关 S 闭合时,有

$$R = \frac{P}{I^2} = \frac{1000}{5 \times 5} = 40 \text{ }\Omega$$

$$|Z_{RL}| = \frac{U}{I} = \frac{250}{5} = 50 \text{ }\Omega$$

$$\omega L = \sqrt{50^2 - 40^2} = 30 \text{ }\Omega$$

开关 S 打开时,有

$$|Z| = \frac{U}{I} = 50 \text{ }\Omega$$

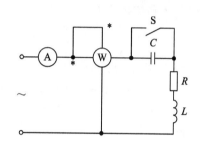

图 3.9.2　例 3.9.4 的电路

即

$$|Z| = \sqrt{R^2 + \left(\omega L - \frac{1}{\omega C}\right)^2} = 50 \text{ }\Omega$$

求得
$$\frac{1}{\omega C} = 60 \text{ }\Omega$$

$$C = \frac{1}{60\omega} = \frac{1}{60 \times 314} \approx 5.3 \times 10^{-5} \text{ F}$$

例 3.9.5　在图 3.9.3 所示电路中,已知 $I_1 = 10$ A,$I_2 = 10\sqrt{2}$ A,$U = 200$ V,$R_1 = 5$ Ω,$R_2 = X_L$,试求 I、R_2、X_L、X_C。

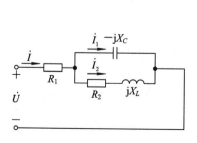

图 3.9.3　例 3.9.5 的电路

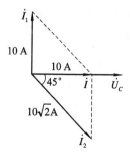

图 3.9.4　例 3.9.5 的解图

解　设电容电压 $\dot{U}_C = U_C \angle 0°$ V,根据已知条件可画出相量图如图 3.9.4 所示,可得

$$\dot{I} = \dot{I}_1 + \dot{I}_2 = 10\angle 90° + 10\sqrt{2}\angle -45° = 10\angle 0° \text{ A}$$

由于 $\dot{U}_C$ 与 $\dot{I}$ 同相，说明电路发生谐振，有

$$U_C = U - IR_1 = 200 - 10 \times 5 = 150 \text{ V}$$

$$X_C = \frac{U_C}{I_1} = \frac{150}{10} = 15 \ \Omega$$

$$\sqrt{R_2^2 + X_L^2} = \frac{U_C}{I_2} = \frac{150}{10\sqrt{2}}$$

将 $R_2 = X_L$ 代入，求得 $R_2 = X_L = 7.5 \ \Omega$。

习　　题

3.1　已知正弦电流的 $i = 141.4 \sin(314t + 30°)\text{A}$，求该正弦电流的幅值 I_m、有效值 I、频率 f 和初相角 ψ。

3.2　已知某正弦电压 $u = U_m \sin\left(\omega t + \dfrac{\pi}{6}\right)\text{V}$，当 $t = 0$ 时，$u = 200 \text{ V}$，当 $t = \dfrac{1}{300}$ s 时，$u = 400 \text{ V}$，求此电压的频率 f。

3.3　在图示并联正弦交流电路中，已知电流表 A_1、A_2、A_3 的读数分别为 5 A、10 A、15 A，且 i_1、i_2、i_3 的初相分别为 0°、$-90°$、90°。求总电流表 A 的读数并画出各电流的相量图。

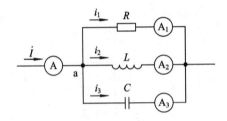

习题 3.3 图

3.4　一实际电感线圈接在 $U = 120$ V 的直流电源上，其电流为 20 A；若接在 $f = 50$ Hz、$U = 220$ V 的交流电源上，则电流为 28.2 A，求该线圈的电阻和电感。

3.5　图示正弦交流电路中，已知 $\dot{I} = 1\angle 0°$ A，求图中 $\dot{I}_R$。

3.6　图示正弦交流电路中，已知 $i_s = 2\sqrt{2}\sin(10^3 t - 45°)$ A，$i_2 = 2\sin 10^3 t$ A，求方框中元件的参数。

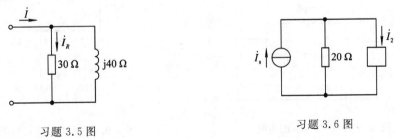

习题 3.5 图　　　　　　　　　　　习题 3.6 图

3.7　图示正弦交流电路中，$R=34.6\ \Omega$，$\dfrac{1}{\omega C}=20\ \Omega$，$\dot{U}=100\angle 0°\ \text{V}$，求电容电压 $\dot{U}_C$。

3.8　图示正弦交流电路中，电压有效值 $U_{AB}=50\ \text{V}$，$U_{AC}=78\ \text{V}$，求 ωL。

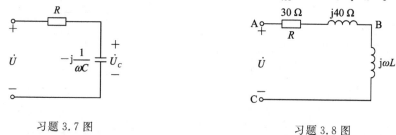

习题 3.7 图　　　　　　　　　　　习题 3.8 图

3.9　在图示电路中，试分别求出 A_0 表和 V_0 表上的读数。

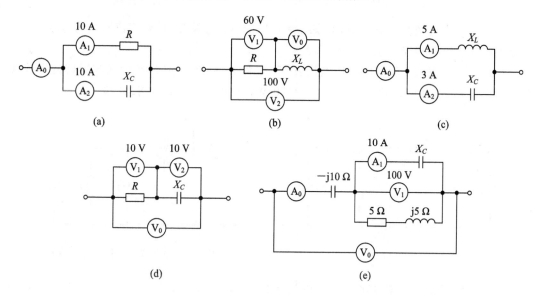

习题 3.9 图

3.10　图示正弦交流电路中，$f=50\ \text{Hz}$，$L=0.318\ \text{H}$，图中开关闭合前后，电流表读数不变，求 C。

3.11　图示正弦交流电路中，已知电源电压有效值 $U=100\ \text{V}$，当频率 $f_1=100\ \text{Hz}$ 时，电流有效值 $I=5\ \text{A}$；当频率 $f_2=1000\ \text{Hz}$ 时，电流有效值变为 $I'=1\ \text{A}$，求电感 L。

习题 3.10 图　　　　　　　　　　习题 3.11 图

3.12　有一只电感线圈，现欲确定它的参数 R 和 L。由于只有一个安培表和 $R_1=1\ \text{k}\Omega$ 的电阻，故可将电阻和线圈并联，如图所示，接在 $f=50\ \text{Hz}$ 的电源上，如能测出各支路的电流，就能算出 R 和 L。现已测得：$I=0.4\ \text{A}$，$I_1=0.35\ \text{A}$，$I_2=0.1\ \text{A}$，试计算 R 和 L。

3.13　图示正弦交流电路中，已知 $u = 100\sqrt{2}\,\sin 100t$ V，$C = 125\ \mu\text{F}$，开关 S 闭合和打开时，电流有效值均为 2 A，求 R 和 L。

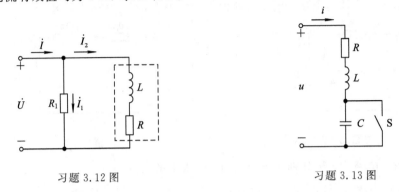

習題 3.12 图　　　　　　　　　　習題 3.13 图

3.14　图示正弦交流电路中，已知 $\omega = 314$ rad/s，电压表、电流表读数均为有效值，电路提供功率 $P = 2000$ W，求 R_1、R_2 和 L。

3.15　图示正弦交流电路为用电压表 V、电流表 A 和功率表 W 测未知阻抗的实验线路，今测得 $I = 1.414$ A，$U = 100$ V，$P = 100$ W，已知 $f = 50$ Hz，求 R 和 C。

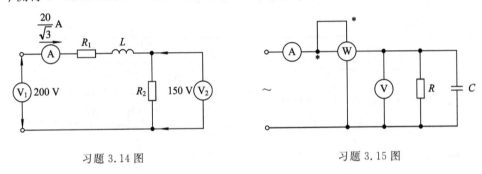

習題 3.14 图　　　　　　　　　　習題 3.15 图

3.16　图示正弦交流电路中，已知 $\dfrac{1}{\omega C} = 25\ \Omega$，电压有效值 $U_1 = U_2 = U = 100$ V，若频率 $f = 50$ Hz，求 R 和 L。

3.17　图示正弦交流电路中，已知电源电压有效值 $U = 75$ V，电流有效值 $I = 4$ A，电路功率 $P = 300$ W，求 R 和 ωL。

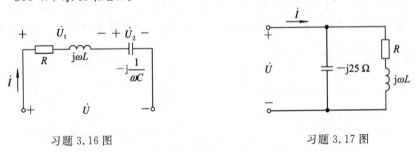

習題 3.16 图　　　　　　　　　　習題 3.17 图

3.18　图示正弦交流电路中，已知 $\omega = 5$ rad/s，求该电路的复阻抗 Z。

3.19　为测量负载 N 的元件参数值采用图示电路。已知正弦交流电压 u 的有效值为 210 V，频率为 50 Hz，开关 S 闭合前，测得电流为 3 A；闭合 S 后，并联电容 $C = 75.8\ \mu\text{F}$，电流表读数变为 4 A，试求负载 N 的元件参数值。

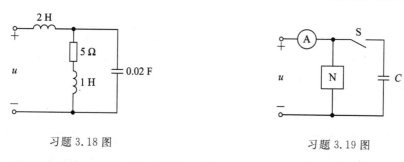

习题 3.18 图　　　　　　　　习题 3.19 图

3.20　用示波器测量正弦交流电路如图所示,两坐标的偏转灵敏度相同,则显示图形为 a 时,ω _____ $\dfrac{1}{RC}$,图形为 b 时 ω _____ $\dfrac{1}{RC}$,图形为 c 时 ω _____ $\dfrac{1}{RC}$。(请选择"等于"、"大于"或"小于"填在横线上。)

3.21　正弦交流电路如图所示,当开关 S 打开或闭合时,电流表、功率表读数均不变。已知正弦交流电源频率为 50 Hz,$U=250$ V,$I=5$ A,$P=1000$ W,试求 R 和 C。

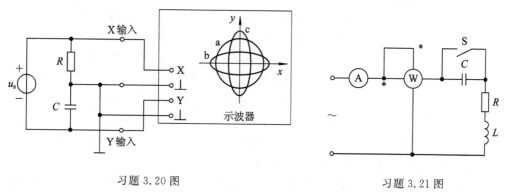

习题 3.20 图　　　　　　　　习题 3.21 图

3.22　图示为用三个电流表法测未知元件参数的电路,由三个电流表读数得知 $I=I_1=I_2=2$ A,已知 $U=50$ V,$f=50$ Hz,试求 L、R 和 C。

3.23　图示正弦交流电路中,$U_s=220$ V,$f=50$ Hz。已知当开关 S 断开时,电源中电流 $I=10$ A,功率因数 $\lambda=\cos\varphi'=0.5$。求 S 接通时电路吸收的平均功率、无功功率和功率因数。

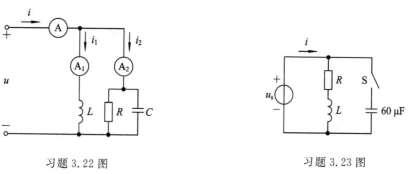

习题 3.22 图　　　　　　　　习题 3.23 图

3.24　图示正弦交流电路中,已知 $I_s=2\sqrt{2}$ A,$\dfrac{1}{\omega C}=25$ Ω,电路无功功率 $Q=-100$ Var,求 R 和有功功率 P。

3.25　图示正弦交流电路中,已知三个电压有效值相等,$U=U_1=U_2=100$ V,求电路

的无功功率 Q。

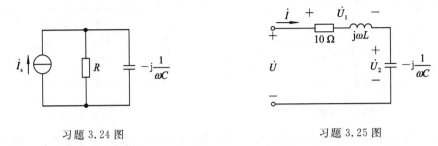

习题 3.24 图　　　　　　　　习题 3.25 图

3.26　两组负载并联接于正弦电源，若其中一组负载视在功率 $S_1 = 1000$ kVA，功率因数 $\cos\varphi_1 = 0.6$（电感性）；另一组负载的视在功率 $S_2 = 594$ kVA，$\cos\varphi_2 = 0.84$（电感性），求电路总的功率因数 $\cos\varphi$。

3.27　两组负载并联接在正弦电源上，其中一组负载吸收功率 $P_1 = 10$ kW，$\cos\varphi_1 = 0.6$（电感性）；另一组负载吸收功率 $P_2 = 15$ kW，$\cos\varphi_2 = 0.8$（电容性），求电路总的视在功率 S。

3.28　额定容量为 40 kVA 的电源，额定电压为 220 V，专供照明用。

（1）如果照明灯用 220 V、40 W 的普通白炽灯，最多可点多少盏？

（2）如果照明灯用 220 V、40 W、$\cos\varphi = 0.5$ 的日光灯，最多可点多少盏？

3.29　把一只日光灯（电感性负载）接到 220 V、50 Hz 的电源上，已知电流有效值为 0.366 A，功率因数为 0.5，现欲将功率因数提高到 0.9，应当并联多大的电容？

3.30　100 只功率为 40 W、功率因数为 0.5 的日光灯与 40 只功率为 100 W 的白炽灯并联在电压为 220 V 的工频交流电源上，求总电流及总功率因数；如果把电路的功率因数提高到 0.9，问应并联多大的电容？

3.31　一台容量为 10 kVA 的发电机 $U_N = 220$ V，$f = 50$ Hz，给某电感性负载供电，其功率因数 $\cos\varphi_1 = 0.6$。

（1）当发电机满载（输出额定电流）运行时，输出的平均功率是多少？线路电流为多大？

（2）若负载不变，并联补偿电容将功率因数提高到 0.9，所需电容量是多少？此时线路电流又是多少？

3.32　某电感性负载外施端电压 $U = 220$ V、$f = 50$ Hz 的正弦电源，其有功功率 $P = 100$ W，$\lambda_1 = \cos\varphi_1 = 0.8$，如欲将功率因数 λ_2 提高到 0.9（电感性），则应并联多大电容？

3.33　图示 RLC 串联电路，若复阻抗 $Z = 10 \angle 0° \ \Omega$，求正弦信号源 u 的角频率 ω。

3.34　在图示电路中，已知 $U = 100$ V，$X_L = 5\sqrt{2} \ \Omega$，$R = X_C = 10\sqrt{2} \ \Omega$，试求电流 I、有功功率 P 及功率因数 $\cos\varphi$。

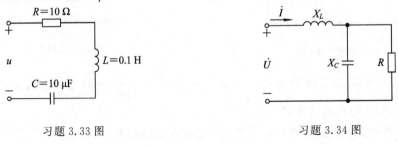

习题 3.33 图　　　　　　　　习题 3.34 图

3.35　某收音机输入电路的电感为 $0.3\,\mathrm{mH}$，可变电容 C 为 $25\,\mathrm{pF}\sim360\,\mathrm{pF}$，问能否满足收听 $535\,\mathrm{kHz}\sim1605\,\mathrm{kHz}$ 中波段的要求？设线圈的电阻为 $25\,\Omega$，求 $f=535\,\mathrm{kHz}$ 和 $f=1605\,\mathrm{kHz}$ 所对应的品质因数 Q_1 和 Q_2。在哪个频率下，收音机的选择性好一些？增大电阻值 R 对谐振频率有无影响？

3.36　已知图示电路处于谐振状态，电压表读数为 $100\sqrt{2}\,\mathrm{V}$，两电流表读数皆为 10 A。求 ωL、R 和 $\dfrac{1}{\omega C}$。

3.37　图示正弦交流电路中，已知电压有效值 $U_R=U_L=10\,\mathrm{V}$，$\dot{U}$、$\dot{I}$ 同相位，电路功率 $P=14.14\,\mathrm{W}$，求电路参数 R、ωL 和 $\dfrac{1}{\omega C}$。

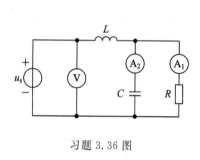

习题 3.36 图

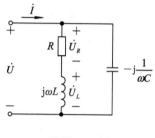

习题 3.37 图

3.38　RLC 串联电路中电感 $L=10\,\mathrm{mH}$，如欲在频率为 $10\,\mathrm{kHz}$ 时产生谐振，求电容值。

3.39　串联谐振电路由 $0.8\,\mu\mathrm{F}$ 电容、$50\,\mathrm{mH}$ 电感和 $20\,\Omega$ 电阻组成，试求该电路的谐振角频率 ω_0 和品质因数 Q。

3.40　RLC 串联电路与 $u=10\sqrt{2}\cos(2500t+15°)\,\mathrm{V}$ 的电源相接，当 $C=8\,\mu\mathrm{F}$ 时，电路消耗的功率最大，其值为 $P_{\max}=100\,\mathrm{W}$。试求电阻 R、电感 L 和电路的 Q 值。

3.41　已知串联谐振电路的谐振曲线如图所示，若电感 $L=1\,\mathrm{mH}$，试求：

(1)回路的品质因数 Q；

(2)回路电容 C 和电阻 R。

3.42　用支路电流法求图示电路的各支路电流。已知 $\dot{U}_{s1}=100\angle0°\,\mathrm{V}$，$\dot{U}_{s2}=100\angle90°\mathrm{V}$，$R=5\,\Omega$，$X_L=5\,\Omega$，$X_C=2\,\Omega$。

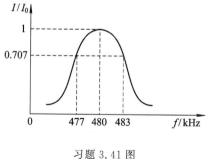

习题 3.41 图

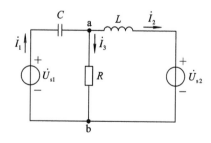

习题 3.42 图

3.43　在图示电路中，已知 $\dot{U}_s=100\angle0°\,\mathrm{V}$，$R=10\,\Omega$，$X_L=20\,\Omega$，$X_C=30\,\Omega$，当负载复数阻抗 Z_L 为何值时它所吸收的有功功率最大并求出此最大功率 P。

3.44　在图示电路中，已知电流有效值 $I = I_L = I_1 = 5$ A，$P = 150$ W，求 R、X_L、X_C 及电流 I_2。

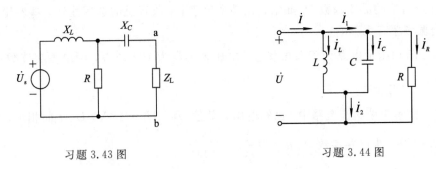

习题 3.43 图　　　　　　　　　　　　　习题 3.44 图

3.45　电路如图所示，试求负载获得最大功率时的复阻抗 Z_L，并求所获得的最大功率 $P_{\max}$。

3.46　图示正弦交流电路中，当负载 $Z_L = (30 + j40)\,\Omega$ 时获得最大功率，试求 ωL 和 $\dfrac{1}{\omega C}$。

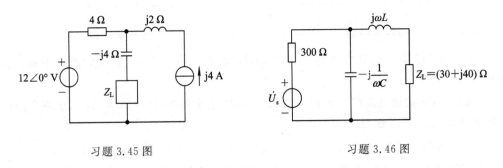

习题 3.45 图　　　　　　　　　　　　　习题 3.46 图

第 4 章　三相正弦交流电路

　　三相正弦交流电路技术在发电及供电系统中得到了广泛的应用，例如工厂生产所用的三相电动机以及其他很多大型工业用电设备都是采用三相制供电，三相交流电也称为动力电。我们在日常生活中所使用的照明及家电的单相电源，只是三相交流电其中的一相。

　　本章主要介绍对称三相正弦交流电源、对称三相负载的连接及电压、电流和功率的分析。

4.1　对称三相正弦交流电源

4.1.1　对称三相正弦交流电源的产生与特征

　　对称三相正弦交流电源是三相交流发电机的电路模型，也可取自电力系统、变配电变压器的二次侧（即变压器的副方）。三相交流发电机主要由定子和转子构成。定子铁心的内圆表面冲有槽，用以放置三相定子绕组。三相定子绕组是相同的，其首端分别标以 A、B、C，末端标以 X、Y、Z。三相绕组分别放置在定子铁心槽内，且首端或末端之间依序相互间隔 120°。转子铁心上绕有直流励磁绕组，选用合适的极面形状和励磁绕组的布置可以使发电机空气隙中的磁感应强度按正弦规律分布。三相定子绕组在同一旋转磁场中分别切割磁力线，产生三相对称的正弦交流电源，其中每相电源的频率相同、幅值相等、初相角依次相差 120°。

　　对称三相正弦交流发电机三相绕组的通常接法如图 4.1.1 所示，即将三个末端连接在一起，连接点称为中点或零点，用 N 表示；从三相绕组的始端 A、B、C 引出的三根导线称为相线，也称端线，俗称火线；由中点引出的导线称为中线，俗称零线。这种连接方式称为星形（Y 形）连接。有中线引出的称为 Y₀ 连接，无中线引出的称为 Y 连接。

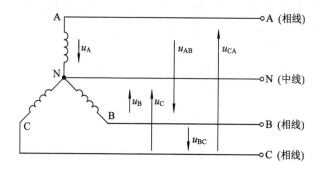

图 4.1.1　对称三相正弦交流发电机三相绕组的通常接法

　　在图 4.1.1 中三相对称电源依次称为 A 相、B 相、C 相，分别记为 u_A、u_B、u_C。如以 A

相为参考，则其电压瞬时值表达式为

$$
\left.\begin{aligned}
u_A &= U_m \sin\omega t \\
u_B &= U_m \sin(\omega t - 120°) \\
u_C &= U_m \sin(\omega t - 240°) = U_m \sin(\omega t + 120°)
\end{aligned}\right\} \tag{4.1.1}
$$

写成电压的相量表达式为

$$
\left.\begin{aligned}
\dot{U}_A &= U\angle 0° \\
\dot{U}_B &= U\angle -120° = \left(-\frac{1}{2} - j\frac{\sqrt{3}}{2}\right)U \\
\dot{U}_C &= U\angle +120° = \left(-\frac{1}{2} + j\frac{\sqrt{3}}{2}\right)U
\end{aligned}\right\} \tag{4.1.2}
$$

式中，U 为电压有效值，$U = \dfrac{U_m}{\sqrt{2}}$。

对称三相正弦交流电压的波形图如图 4.1.2 所示，各相电压的相量图如图 4.1.3 所示。

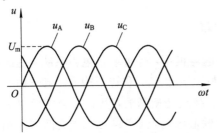
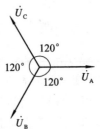

图 4.1.2　对称三相正弦交流电压的波形图　　　图 4.1.3　对称三相正弦交流电压的相量图

由对称三相正弦交流电压的数学表达式、波形图和相量图可以证明，一组对称三相正弦量(电压或电流)之和为零，即

$$
\left.\begin{aligned}
u_A + u_B + u_C &= 0 \\
\dot{U}_A + \dot{U}_B + \dot{U}_C &= 0
\end{aligned}\right\} \tag{4.1.3}
$$

4.1.2　对称三相正弦交流电源的相序

三相电源中各相电压超前或滞后的排列次序称为相序，或者说三相正弦电压达到最大值的次序叫相序。例如，在图 4.1.3 所示电路中，A 相电压超前 B 相电压 120°，而 B 相电压又超前 C 相电压 120°，则将 A—B—C—A 的相序称为正相序或顺序；反之，A—C—B—A 的相序则称为负相序或逆序。当三相电压或电流的相序未加说明时，我们一般都指的是正相序。另外，顺便提及一下，我国供配电系统中的三相母线都标有规定的颜色以便识别相序，规定 A 相—黄色、B 相—绿色、C 相—红色。

有些三相负载对所接三相电源的相序是有要求的，例如三相交流电动机如果接正相序电源它正转，而接负相序电源后它就会反转，因而我们要根据三相负载的工作情况来正确选择三相电源的相序。当三相电源的相序未知时，可以用相序指示器来进行测量及判定。

4.1.3　对称三相正弦交流电源相电压与线电压的关系

图 4.1.4 所示为 Y_0 连接的三相交流发电机的相电压和线电压相量图。在图 4.1.4 中，每相始端与中点间的电压称为相电压，用 U_A、U_B、U_C 表示，或一般用 U_P 表示。而任意两相线间的电压称为线电压，其有效值用 U_{AB}、U_{BC}、U_{CA} 表示，或一般用 U_L 表示。

由图 4.1.1 可知，线电压与相电压关系如下

$$\left.\begin{array}{l} u_{AB} = u_A - u_B \\ u_{BC} = u_B - u_C \\ u_{CA} = u_C - u_A \end{array}\right\} \tag{4.1.4}$$

由图 4.1.4 电压相量图可知

$$\left.\begin{array}{l} \dot{U}_{AB} = \dot{U}_A - \dot{U}_B \\ \dot{U}_{BC} = \dot{U}_B - \dot{U}_C \\ \dot{U}_{CA} = \dot{U}_C - \dot{U}_A \end{array}\right\} \tag{4.1.5}$$

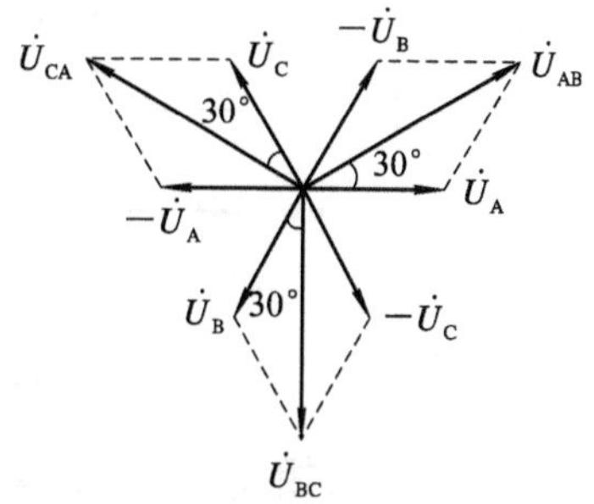

图 4.1.4　相电压和线电压相量图

由电压相量图中相电压和线电压相量的几何关系，可得到

$$\left.\begin{array}{l} \dot{U}_{AB} = U\angle 0° - U\angle -120° = \sqrt{3}\dot{U}_A\angle 30° \\ \dot{U}_{BC} = U\angle -120° - U\angle 120° = \sqrt{3}\dot{U}_B\angle 30° \\ \dot{U}_{CA} = U\angle 120° - U\angle 0° = \sqrt{3}\dot{U}_C\angle 30° \end{array}\right\} \tag{4.1.6}$$

由上述关系可知，对称三相交流电源星形（Y 形）连接时，三相电压也对称。线电压的有效值是相电压有效值的 $\sqrt{3}$ 倍，线电压的相位超前对应相电压的相位 30°。

通常在低压配电系统中，相电压为 220 V，线电压为 380 V，小型低压三相交流发电机采用 Y_0 接线时，可以引出四根线，称为三相四线制，能给予负载两种电压，这样就解决了三相负载和单相负载由同一电源供电的问题。但是电力系统、发电厂的三相交流发电机，由于容量大，额定电压都采用较高的数值，我国发电厂发电机的线电压一般为 6.3 kV 和 10.5 kV，与额定线电压为 6 kV 和 10 kV 的电力网连接。这些发电机通常为 Y 形连接，它可与升压变压器连接后将电力送入高压电网；或与降压变压器连接后将低压电供给发电厂的自用低压负载。

由变压器二次侧组成三相交流电源时，可以接成 Y_0 形连接、Y 形连接及三角形连接（△连接），后两种连接方式也称三相三线制。当三相交流电源采用三角形连接方式时，线电压与相电压相等，即 $\dot{U}_{AB}=\dot{U}_A$、$\dot{U}_{BC}=\dot{U}_B$、$\dot{U}_{CA}=\dot{U}_C$。由于三线电源是对称的，三相电压的相量和为零，即 $\dot{U}_A+\dot{U}_B+\dot{U}_C=0$，所以三角形环路中无环流产生。

4.2　对称三相正弦交流电路的计算

4.2.1　三相负载的连接方式

三相供电系统中大多数负载是三相的，即由三个负载接成 Y 形（星形）或△形（三角形），分别如图 4.2.1(a)、(b)所示。其中每一个负载称为一相负载，每相负载的端电压称

为负载相电压，流过每个负载的电流称为相电流，流过端线的电流称为线电流。复阻抗相等的三相负载称为对称三相负载，复阻抗不相等的三相负载称为不对称三相负载。

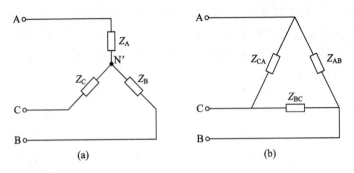

图 4.2.1　三相负载的连接方式

4.2.2　对称三相电路的计算

　　对称三相电路就是对称三相电源与对称三相负载连接起来所组成的电路。由于是对称三相电路，所以三相线路阻抗相等。同时需要说明的是，一般进行负载电路的计算时，不考虑三相电源内部的工作情况，而只注意供电线路，因此在电路图中可只画三根火线 A、B、C 和中线 N 来表示三相电源。图 4.2.2 所示为三种典型对称三相正弦交流电路的连接示意图，图 4.2.3 所示为我国 380 V/220 V 低压供电线路中不考虑线路上阻抗情况下的三种常见的三相负载连接电路。

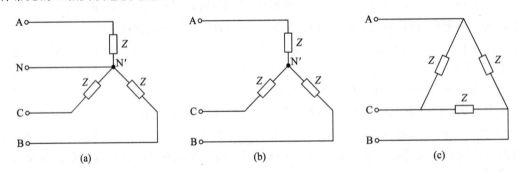

图 4.2.2　对称三相正弦交流电路的连接示意图

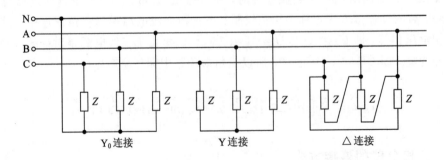

图 4.2.3　低压供电线路中常见的三相负载连接示意图

　　由于三相电源及三相负载对称，所以三相电流也对称且与电源电压是同相序的对称量。因此我们只要计算出一相的电流、电压，其他两相的电流、电压就能由对称关系写出。

在三相电路中，每相负载所流过的电流称为相电流，其有效值用字母 I_P 表示，流过相线(火线)的电流称为线电流，其有效值用字母 I_L 表示。

当对称三相负载 Y 形连接时，设 $Z_A = Z_B = Z_C = Z$，则线电流与相电流、线电压与相电压的关系为

$$\left.\begin{array}{l} I_L = I_P = \dfrac{U_P}{|Z|} \\[2mm] U_L = \sqrt{3}\,U_P \end{array}\right\} \tag{4.2.1}$$

各相电流与各相电压及各相负载之间的相量关系为

$$\left.\begin{array}{l} \dot{I}_A = \dfrac{\dot{U}_A}{Z} \\[2mm] \dot{I}_B = \dfrac{\dot{U}_B}{Z} \\[2mm] \dot{I}_C = \dfrac{\dot{U}_C}{Z} \end{array}\right\} \tag{4.2.2}$$

可以证明，当对称三相负载 Y 形连接时，线电流等于相电流，线电压的有效值是相电压有效值的 $\sqrt{3}$ 倍，各线电压的相位超前对应相电压的相位 30°。

对于 Y_0 连接的对称三相电路，由于是三相对称系统，三相电流的相量和也为零，这时中线上的电流为零，说明此时中线不起作用，但中线不能断开，并且中线上不允许安装熔断器和开关。否则，一旦中线断开，对称三相负载因某种原因(如某相出现短路或断路)不再对称，这时各相则不能独立正常工作，出现某相负载过压或欠压甚至损坏的情况。

在确保三相负载对称的情况下，Y_0 连接与 Y 连接时负载的工作情况完全相同。一般工厂中使用的额定功率 $P_N \leqslant 3$ kW 的三相交流异步电动机，均采用三相三线制 Y 形连接。

例 4.2.1　在图 4.2.4 所示的对称三相 Y 形连接电路中，各相负载中 $R = 6$ Ω，感抗 $X_L = 8$ Ω，已知对称三相电源线电压 $u_{AB} = 380\sqrt{2}(\sin\omega t + 30°)$ V，试求各相电流。

解　据 $u_{AB} = 380\sqrt{2}(\sin\omega t + 30°)$ V

则 $\dot{U}_{AB} = 380\angle 30°$ V，相电压 $\dot{U}_A = 220\angle 0°$ V

可以求得

$$\dot{I}_A = \frac{\dot{U}_A}{Z} = \frac{220\angle 0°}{6 + j8} = 22\angle -53.1° \text{ A}$$

根据对称性可直接写出

$$\dot{I}_B = 22\angle -173.1° \text{ A}$$
$$\dot{I}_C = 22\angle 66.9° \text{ A}$$

例 4.2.2　Y 形连接对称三相负载，每相电阻为 11 Ω，电流为 20 A，求三相负载的线电压。

解　$Z = R = 11$ Ω，$I_P = 20$ A

$$U_P = I_P |Z| = 20 \times 11 = 220 \text{ V}$$
$$U_L = \sqrt{3}\,U_P = \sqrt{3} \times 220 = 380 \text{ V}$$

例 4.2.3　在图 4.2.5 所示的对称 Y 形连接三相电路中，线电压 $U_L = 380$ V。若此时

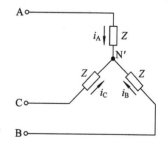

图 4.2.4　例 4.2.1 电路图

图中 p 点处发生断路，求电压表读数 V_1；若图中 m 点处发生断路，求此时电压表读数 V_2；若图中 m 点、p 点两处同时发生断路，求此时电压表读数 V_3。

解　若此时图中 p 点处发生断路，由于电路对称，$V_1 = 220$ V。

若此时图中 m 点处发生断路，由于有中线存在，$V_2 = 220$ V。

若此时图中 p、m 点均发生断路，两阻抗串联在线电压上，则有

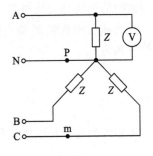

图 4.2.5　例 4.2.3 图

$$V_3 = \frac{380}{2} = 190 \text{ V}$$

当对称三相负载 △ 形连接时，设 $Z_A = Z_B = Z_C = Z$，则线电流与相电流、线电压与相电压的关系为

$$\left.\begin{array}{l} U_L = U_P \\ I_P = \dfrac{U_P}{|Z|} = \dfrac{U_L}{|Z|} \\ I_L = \sqrt{3} I_P \end{array}\right\} \qquad (4.2.3)$$

可以证明，当对称三相负载 △ 形连接时，线电压等于相电压，线电流的有效值是相电流有效值的 $\sqrt{3}$ 倍，各线电流的相位分别滞后对应的相电流的相位 30°。

例 4.2.4　图 4.2.6 所示的 △ 连接的对称三相电路中，已知负载阻抗 $Z = 38\angle -30° \ \Omega$。若线电流 $\dot{I}_A = 17.32\angle 0° $ A，求线电压 $\dot{U}_{AB}$。

解　根据对称三相负载 △ 形连接时，线电流的有效值是相电流 有效值的 $\sqrt{3}$ 倍，各线电流的相位分别滞后对应的相电流的相位 30°，可写出

$$\dot{I}_{AB} = \frac{\dot{I}_A}{\sqrt{3}} \angle 30° = 10\angle 30° \text{ A}$$

$$\dot{U}_{AB} = Z\dot{I}_{AB} = 38\angle -30° \times 10\angle 30° = 380\angle 0° \text{ V}$$

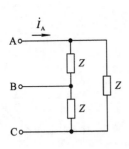

图 4.2.6　例 4.2.4 图

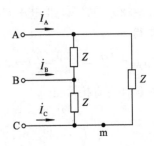

图 4.2.7　例 4.2.5 图

例 4.2.5　在图 4.2.7 所示的对称三相电路中，已知线电流 $I_L = 17.32$ A，若此时图中 m 点处发生断路，求此时电流 I_A、I_B、I_C。

解　相电流 $I_P = \dfrac{I_L}{\sqrt{3}} = \dfrac{17.32}{1.732} = 10$ A

当 m 点处发生断路时，$I_A = I_C = 10$ A，I_B 大小不变，$I_B = 17.32$ A

4.2.3　三相功率

三相负载总的功率计算形式与负载的连接方式无关。

三相总的有功功率等于各相有功功率之和，即

$$P = P_A + P_B + P_C$$

三相总的无功功率等于各相无功功率的代数和，即

$$Q = Q_A + Q_B + Q_C$$

三相总的视在功率根据功率三角形可得

$$S = \sqrt{P^2 + Q^2}$$

在三相负载对称的情况下，则三相总的功率分别为

$$\left. \begin{array}{l} P = 3U_P I_P \cos\varphi = \sqrt{3} U_L I_L \cos\varphi \\ Q = 3U_P I_P \sin\varphi = \sqrt{3} U_L I_L \sin\varphi \\ S = 3U_P I_P = \sqrt{3} U_L I_L \end{array} \right\} \tag{4.2.4}$$

式(4.2.4)中，φ 角是相电压 U_P 与相电流 I_P 之间的相位差，即是每相对称负载的阻抗角。

需注意的是，虽然 Y 形连接和△形连接计算功率的形式相同，但在计算时要根据具体的线电压与相电压、线电流与相电流的值代入计算。

对于三相不对称负载，我们在此不作具体的分析，但对称三相负载如出现短路或断路情况，我们应掌握基本的定性与定量分析。

例 4.2.6　图 4.2.8 所示的 Y 形连接对称三相电路中，若已知电源线电压 $U_L = 380$ V，负载电阻 $R = 22$ Ω，求三相功率 P。

解
$$U_P = \frac{U_L}{\sqrt{3}} = \frac{380}{\sqrt{3}} = 220 \text{ V}$$

$$I_L = I_P = \frac{U_P}{R} = \frac{220}{22} = 10 \text{ A}$$

$$\cos\varphi = 1$$

$$P = \sqrt{3} U_L I_L \cos\varphi = \sqrt{3} \times 380 \times 10 \times 1 = 6582 \text{ W}$$

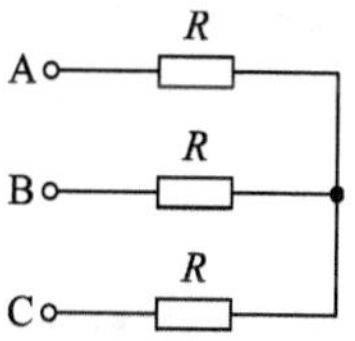

图 4.2.8　例 4.2.6 图

例 4.2.7　对称三相电源线电压为 380 V，作用于三角形对称三相负载，每相电阻为 220 Ω，求负载相电流、线电流及三相总功率。

解　此题为对称△负载，有 $U_L = U_P = 380$ V

$$I_P = \frac{U_P}{R} = \frac{380}{220} = 1.732 \text{ A}$$

$$I_L = \sqrt{3} I_P = 3 \text{ A}$$

$$P = \sqrt{3} U_L I_L \cos\varphi = \sqrt{3} \times 380 \times 3 \times 1 = 1975 \text{ W}$$

例 4.2.8　图 4.2.9 所示的对称三相电路中，△连接负载阻抗 $Z_1 = (60 + j80)$ Ω，Y 形连接负载阻抗 $Z_2 = (40 + j30)$ Ω，若测得图中所示线电流 $I_{L1} = 3$ A，求 Y 形连接负载阻抗所消耗的功率 P_2。

解　对负载 Z_1 有 $I_{L1} = 3$ A，则相电流 $I_{P1} = \sqrt{3}$ A

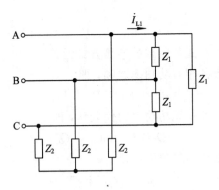

图 4.2.9　例 4.2.8 图

Z_1 负载端电压 $U_{P1} = U_L = \sqrt{3} \times \sqrt{60^2 + 80^2} = 100\sqrt{3}$ V

对 Y 形连接负载 Z_2，线电压 $U_L = 100\sqrt{3}$ V，相电压 $U_{P2} = 100$ V

所以　　　　　　　　　　　$I_{L2} = \dfrac{100}{|40 + j30|} = 2$ A

另　　　　　　　　　　　$\varphi_2 = \arctan\dfrac{30}{40} = 36.9°$

故　　　　　　　$P_2 = \sqrt{3}U_L I_{L2}\cos\varphi_2 = \sqrt{3} \times 100\sqrt{3} \times 2 \times 0.8 = 480$ W

习　　题

4.1　施加于对称三相 Y 形连接负载的三相线电压为 380 V，若负载每相复阻抗为(10 +j10)Ω，求负载的线电流的有效值。

4.2　在图示 Y 形连接对称三相电路中，已知线电流 $I_L = 1$ A。若图中 m 点处发生断路，求此时 B 线电流 I_B。

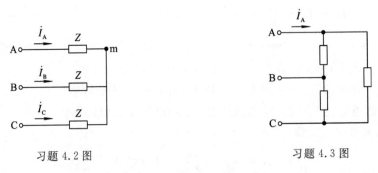

习题 4.2 图　　　　　　　　　　　　　　习题 4.3 图

4.3　在图示对称三相△连接电路中，若已知线电流 $\dot{I}_A = 10\angle 60°$ A，求相电流 $\dot{I}_{BC}$。

4.4　在图示对称三相电路中，已知线电流 $I_L = 17.32$ A。若此时图中 m 点处发生断路，求此时电流 I_A、I_B、I_C。

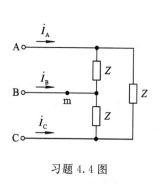

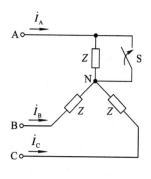

习题 4.4 图

习题 4.5 图

4.5 在图示 Y 形连接对称三相电路中,已知线电流 $I_A = 1$ A。若 A 相负载发生短路(如图中开关闭合所示),求此时 A 相线电流。

4.6 在图示对称三相△连接电路中,已知负载复阻抗 $Z = (30 - j40)\Omega$,若线电流有效值 $I_L = 10.4$ A,求电源线电压有效值 U_L。

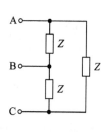

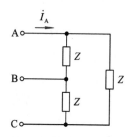

习题 4.6 图

习题 4.7 图

4.7 图示对称三相电路中,已知 $\dot{U}_{BC} = 380\angle 0\ ^\circ$ V,$\dot{I}_A = 17.32\angle 120^\circ$ A,求△连接阻抗 Z。

4.8 图示对称三相△连接负载电路中,负载阻抗 $Z = 38\angle -30^\circ\ \Omega$,若线电压 $\dot{U}_{BC} = 380\angle -90^\circ$ V,求线电流 $\dot{I}_A$。

4.9 三个相同的电阻按 Y 形连接接到 380 V 线电压上时,线电流为 2 A。若把这三个电阻改为△连接并改接到 220 V 线电压上,求相电流和线电流。

4.10 图示对称三相电路中,若已知线电流 $\dot{I}_A = 2\angle 0\ ^\circ$ A,求线电压 $\dot{U}_{BC}$。

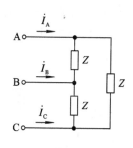

习题 4.8 图

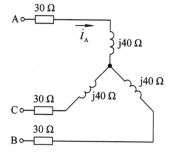

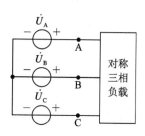

习题 4.10 图

习题 4.11 图

4.11　图示对称三相电路 Y 形连接，已知线电流 $I_L = 2$ A，三相负载功率 $P = 300$ W，$\cos\varphi = 0.5$，求该电路的相电压 U_P。

4.12　今拟用电阻丝制作一个三相电炉，功率为 20 kW，对称电源线电压为 380 V。若三相电阻连接成对称 Y 形，求每相的电阻。

4.13　三个相同的电阻作 Y 形连接后接到线电压为 U_L 的对称三相电源上，此时负载功率为 P，若将此三个电阻改接成△连接，电源线电压仍为 U_L，求此时负载的功率。

4.14　图示 Y 形连接对称三相电路中，已知线电压 $\dot{U}_{CB} = 173.2\angle 90°$ V，线电流 $\dot{I}_C = 2\angle 180°$ A，求该三相电路的功率 P。

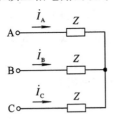

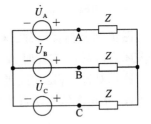

习题 4.14 图　　　　　　　　　　　　　　习题 4.15 图

4.15　图示对称三相电路中，已知 Y 形连接负载 $Z = (10 + j17.32)$ Ω，三相电源 $\dot{U}_A = 220\angle 0°$ V，求三相负载功率 P。

4.16　△连接对称三相电路中，已知对称三相电源线电压 $U_L = 380$ V，三相负载功率 $P = 2.4$ kW，功率因数 $\lambda = \cos\varphi = 0.6$（电感性），求负载阻抗 Z。

4.17　图示对称三相电路中，已知 $\dot{U}_A = 220\angle 0°$ V，负载阻抗 $Z = (40 + j30)$ Ω。求图中电流 $\dot{I}_{AB}$、$\dot{I}_A$ 及三相功率 P。

4.18　图示对称三相电路中，已知线电压 $\dot{U}_{AB} = 380\angle 0°$ V，其中一组对称三相感性负载的功率 $P_1 = 5.7$ kW，$\cos\varphi_1 = 0.866$，另一组对称 Y 形负载复阻抗 $Z_2 = 22\angle -30°$ Ω。求图中线电流 $\dot{I}_A$。

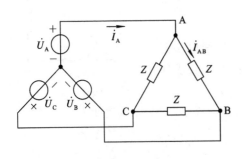

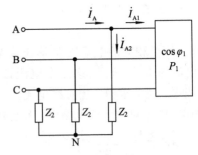

习题 4.17 图　　　　　　　　　　　　　　习题 4.18 图

4.19　图示对称三相电路中，已知电源线电压 $U_L = 380$ V，△连接负载阻抗 $Z_1 = (12 + j9)$ Ω，Y 形连接负载阻抗 $Z_2 = (4 - j3)$ Ω，求图中电流表读数。

4.20　图示对称三相电路中，若已知线电流 $I_L = 26$ A，三相负载有功功率 $P = 11\ 700$ W，无功功率 $Q = 6750$ Var，求电源线电压 U_L。

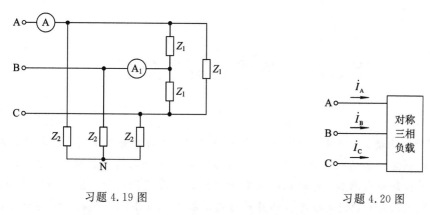

习题 4.19 图

习题 4.20 图

4.21　图示对称三相电路中,已知 Y 形连接负载阻抗 $Z=(5+j8.66)\Omega$,若已测得电路无功功率 $Q=500\sqrt{3}$ Var,求电路有功功率 P。

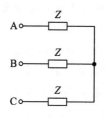

习题 4.21 图

第5章　电路的暂态分析

　　自然界事物的运动，在一定条件下有一定的稳定状态。当条件改变时，就要过渡到新的稳定状态。例如对于电动机来说，当接通电源后电动机由静止状态启动、升速，最后达到稳定的速度；当切断电源后，电动机将从某一稳定的速度逐渐减速，最后停止转动，速度为零。由此可见，从一种稳定状态转到另一种稳定状态往往不能跃变，而需要一定的时间，这个物理过程称为过渡过程。对于电路而言，同样也存在稳定状态和过渡过程。本书前面几章所讨论的都是指电路的稳定状态。所谓稳定状态，就是在给定条件下电路中的电流和电压已达到某一稳态值(对交流电路来说，是指电流和电压的幅值已达到稳定值)，稳定状态简称稳态。电路中的过渡过程往往为时短暂，所以电路在过渡过程中的工作状态称为暂态，因而过渡过程又称为暂态过程。电路的暂态过程虽然短暂，但在很多实际工作中却又非常重要。研究暂态过程的目的就是：认识和掌握这种客观存在的物理现象的规律，既要充分利用暂态过程的特性，同时也必须预防它所产生的危害。

　　研究暂态过程的方法有数学分析法和实验分析法两种，欧姆定律和基尔霍夫定律仍然是分析与计算电路暂态过程的基本定律。电路的过渡过程与电路元件的特性有关，本章所研究的电路，其电阻、电容和电感都是线性的。由于表征电容或电感的伏安关系是通过导数或积分来表述的，因此按照基尔霍夫定律建立的电路方程必然是一微分方程或微分—积分方程。如果电路中只有一个储能元件(电容或电感)，得到的微分方程为一阶微分方程，相应的电路为一阶电路；如果电路中有两个储能元件(包含一个电容和一个电感)，得到的微分方程为二阶微分方程，相应的电路为二阶电路，电路的其他部分可以由电源和电阻组成。本章仅限讨论一阶电路的暂态过程，基本要求是掌握一阶动态电路的基本概念、换路定则、电路变量初始值和稳态值的确定、一阶电路分析的三要素法等。

5.1　元件特性和换路定则

　　电路在一定的条件下有一定的稳定状态。条件变了，稳定状态也要改变。一般来说，含有储能元件的电路从一种稳定状态到另一种稳定状态，需要经过一个电磁过程，这个过程称为暂态过程或过渡过程。我们把电路的结构或参数发生的变化，如电路与电源的接通或断开、某支路的短路或切断、电路参数的突然改变、电路外加电压的幅值、频率或初相的跃变等，统称为换路。

　　为了研究方便，通常把换路的瞬间作为暂态过程的起始时刻，记为 $t=0$；把换路前的最后一瞬间记为 $t=0_-$，把换路后的初始瞬间记为 $t=0_+$。

5.1.1　元件特性

　　对线性电阻元件来说，由于遵循欧姆定律，所以当电流发生突变时，电阻电压也会发生相应的突变，即电阻电流和电压都可以发生突然变化。

对线性电容元件来说，由于电容上的电荷和电压在换路前后不会发生突然变化，所以有

$$q(0_+) = q(0_-)$$

$$u_C(0_+) = u_C(0_-)$$

对线性电感元件来说，由于电感中的磁通链和电流在换路前后瞬间不会发生突变，所以有

$$\psi_L(0_+) = \psi_L(0_-)$$

$$i_L(0_+) = i_L(0_-)$$

5.1.2　换路定则

由于电容电压和电感电流在换路瞬间不能发生突变，我们称之为换路定则，即

$$\left. \begin{array}{l} u_C(0_+) = u_C(0_-) \\ i_L(0_+) = i_L(0_-) \end{array} \right\} \tag{5.1.1}$$

对于换路定则，有两点需要说明：

（1）换路时电感电流不能发生突变，并不意味着电感电压也不能突变，因为电感电压并不取决于电流，而是取决于电流的变化率。同理，在换路时，电容电压不能突变，也并不意味着电容电流不能突变。

（2）在某些特殊情况下，电容电压和电感电流在换路瞬间也可能发生突变，这是因为当有理想冲激波形的电流激励或电压激励时，其冲激波形的幅值是无穷大的缘故。

5.2　初始值和稳态值的确定

5.2.1　初始值的确定

初始值是指电路在 $t=0_+$ 时各元件的电压值和电流值，可用 $u(0_+)$ 及 $i(0_+)$ 来表示。从前面的分析可知，在换路时通常只有电容的电压和电感中的电流不能发生跳变，这是由于电容和电感都是储能元件，电容中储有的电能为 $\frac{1}{2}Cu_C^2$；而电感中储有的磁能为 $\frac{1}{2}Li_L^2$，电能和磁能的积累或衰减是需要时间的。因此在求各电量的初始值时，首先应根据换路定则 $u_C(0_+)=u_C(0_-)$ 和 $i_L(0_+)=i_L(0_-)$ 确定 $u_C(0_+)$ 和 $i_L(0_+)$ 的值，然后再来确定其他各电量的初始值，下面先分析电容的两种初始状态值。其一，若电容无初始储能，即 $u_C(0_-)=0$，则 $u_C(0_+)=u_C(0_-)=0$，在发生换路 $t=0_+$ 时，可将电容视为短路，其等效电路如图 5.2.1 (a)所示。其二，若电容有初始储能，即 $u_C(0_-)=U_0$ 则 $u_C(0_+)=u_C(0_-)=U_0$，在发生换路时，可将电容等效为恒压源 U_0，且恒压源的正方向与电容两端电压的正方向相同，其等效电路图如图 5.2.1(b)所示。

下面分析电感的两种初始状态值。其一，若电感无初始储能，即 $i_L(0_-)=0$，则 $i_L(0_+)=i_L(0_-)=0$，在发生换路 $t=0_+$ 时，可将电感视为开路，其等效电路图如图 5.2.2(a)所示。其二，若电感有初始储能，即 $i_L(0_-)=I_0$，则 $i_L(0_+)=i_L(0_-)=I_0$，在发生换路 $t=0_+$ 时，

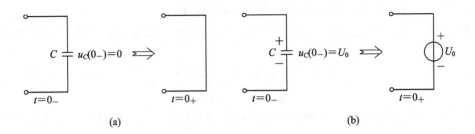

图 5.2.1　电容初始时刻等效电路图

可将电感等效为恒流源，其大小等于 $i_L(0_+)$ 的值，且正方向与 $i_L(0_-)$ 的正方向一致，其等效电路如图 5.2.2(b)所示。

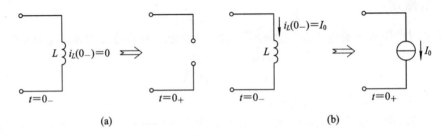

图 5.2.2　电感初始时刻等效电路图

　　根据 $t=0_+$ 时的等效电路，选择适当的电路分析方法，就可以求出电路中其他电压和电流的初始值。

　　例 5.2.1　在图 5.2.3 所示电路中，开关 S 在 $t=0$ 时突然闭合，试求 $i_1(0_+)$、$i_2(0_+)$、$i_3(0_+)$ 及 $u_L(0_+)$，已知 $u_C(0_-)=100$ V，$i_3(0_-)=0$ A。

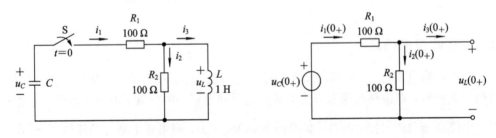

图 5.2.3　例 5.2.1 图　　　　　　　　图 5.2.4　例 5.2.1 解图

　　解　首先确定电感中电流 $i_3(0_+)$ 及电容两端电压 $u_C(0_+)$，根据换路定则有

$$i_3(0_+) = i_3(0_-) = 0 \text{ A}$$

$$u_C(0_+) = u_C(0_-) = 100 \text{ V}$$

$t=0_+$ 时的等效电路如图 5.2.4 所示，显然

$$i_1(0_+) = i_2(0_+) = \frac{u_C(0_+)}{100+100} = \frac{100}{200} = 0.5 \text{ A}$$

$$u_L(0_+) = i_2(0_+) \times 100 = 0.5 \times 100 = 50 \text{ V}$$

　　可见，当发生换路时电容中的电流 i_C 由 0 A 跃变为 0.5 A，电感两端的电压 u_L 由 0 V 跃变为 50 V。

例 5.2.2　在图 5.2.5 所示电路中，开关 S 原来处于闭合状态，并且电路已处于稳定状态，$t=0$ 时，突然断开开关 S，求刚断开时电路各支路的电流、电容电压及电感电压。

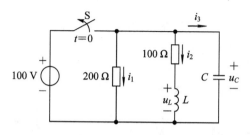

图 5.2.5　例 5.2.2 图

解　根据换路定则，$u_C(0_+)$ 与 $i_L(0_+)$ 的值要由 $u_C(0_-)$ 与 $i_L(0_-)$ 的值来决定，而 $u_C(0_-)$ 与 $i_L(0_-)$ 的值就是原来开关 S 闭合时 $u_C(\infty)$ 与 $i_L(\infty)$ 的值，原电路开关 S 处于闭合状态时，时间已经足够长就可认为 $t=\infty$，电路已达到稳态，这时电感相当于短路、电容相当于开路。当 $t=0_-$ 时的等效电路如图 5.2.6(a)所示，则有

$$i_2(0_-) = \frac{100}{100} = 1 \text{ A}, \quad u_C(0_-) = 100 \text{ V}$$

故
$$i_2(0_+) = i_2(0_-) = 1 \text{ A}$$
$$u_C(0_+) = u_C(0_-) = 100 \text{ V}$$

$t=0_+$ 时的等效电路图如图 5.2.6(b)所示，则

$$i_1(0_+) = \frac{u_C(0_+)}{200} = \frac{100}{200} = 0.5 \text{ A}$$

根据基尔霍夫定律(KCL)有

$$i_3(0_+) = -i_1(0_+) - i_2(0_+) = -0.5 - 1 = -1.5 \text{ A}$$

根据基尔霍夫定律(KVL)有

$$u_L(0_+) = u_C(0_+) - 100i_2(0_+) = 100 - 100 \times 1 = 0 \text{ V}$$

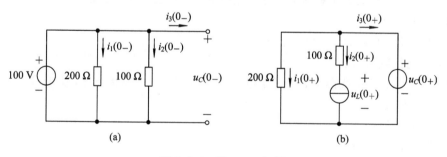

图 5.2.6　例 5.2.2 解图

5.2.2　稳态值的确定

在电路换路后，当 $t=\infty$ 时，电路中各元件的电流或电压值称为稳态值或终值，用 $u(\infty)$ 和 $i(\infty)$ 表示。

在恒定电源情况下，电感电压 u_L 和电容电流 i_C 最终都变为零，这是因为此时电路 $\dfrac{\mathrm{d}i}{\mathrm{d}t}=0$

和 $\dfrac{\mathrm{d}u}{\mathrm{d}t}=0$，所以 $u_L(\infty)=L\dfrac{\mathrm{d}i}{\mathrm{d}t}=0$，$i_C(\infty)=C\dfrac{\mathrm{d}u}{\mathrm{d}t}=0$，说明在 $t=\infty$ 时，电感相当于短路，电容相当于开路。

例 5.2.3　图 5.2.7 为 $t=0$ 时换路后的电路，换路前 $i_1(0_-)=2$ A，$u_4(0_-)=4$ V。求图中所示各变量的初始值和稳态值。

解　根据换路定则，有

$$i_1(0_+)=i_1(0_-)=2 \text{ A}$$

$$u_4(0_+)=u_4(0_-)=4 \text{ V}$$

$$u_1(0_+)=10-u_4(0_+)=6 \text{ V}$$

$$i_2(0_+)=\frac{u_1(0_+)}{2}=3 \text{ A}$$

$$i_3(0_+)=\frac{u_4(0_+)}{1}=4 \text{ A}$$

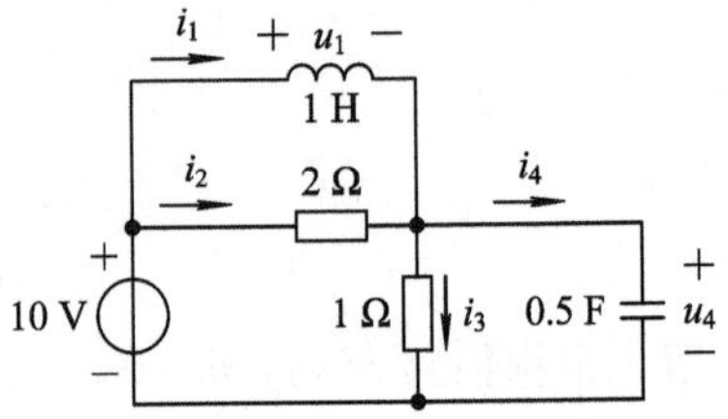

图 5.2.7　例 5.2.3 图

$$i_4(0_+)=i_1(0_+)+i_2(0_+)-i_3(0_+)=2+3-4=1 \text{ A}$$

$$u_1(\infty)=0 \text{ V}, \quad u_4(\infty)=10 \text{ V}$$

$$i_1(\infty)=i_3(\infty)=\frac{10}{1}=10 \text{ A}, \quad i_2(\infty)=0 \text{ A}, \quad i_4(\infty)=0 \text{ A}$$

5.3　一阶电路暂态过程的三要素分析法

如果采用微分方程等经典方法来求解一阶电路的暂态过程，需强调很多的数学概念和烦琐的计算过程。对于一阶电路的分析，应用最为普遍的是三要素法，这种方法实际上是对经典法的一种概括和总结。三要素法公式可表示为

$$f(t)=f(\infty)+[f(0_+)-f(\infty)]\mathrm{e}^{-\frac{t}{\tau}} \tag{5.3.1}$$

式(5.3.1)中 $f(t)$ 代表要求解的电压和电流变量，其中三要素分别为

(1) 初始值 $f(0_+)$；

(2) 稳态值 $f(\infty)$；

(3) 时间常数 τ。

使用三要素法时，我们不必去了解电路是否是零输入、零状态等，而只要注意它的使用条件和使用方法。

(1) 使用条件：

① 只适合一阶电路；

② 如有外部激励，必须为直流、阶跃或正弦交流信号。

(2) 使用方法：

① 确定初始值 $f(0_+)$；

② 确定稳态值 $f(\infty)$；

③ 确定电路的时间常数 τ；

④ 代入三要素法公式进行求解。

关于前两要素的求法，我们已作过叙述，现在重点介绍时间常数 τ 的求解。电路的时间常数 τ 只与电路的结构、参数和元件类型有关，而与外加激励无关，同一电路只有一个

时间常数。

求时间常数 τ 时需注意：

(1) 适合于换路后的一阶电路；

(2) 要化为无源电路，就是将电路中的独立电压源和独立电流源的作用置零，即将独立电压源短路，独立电流源开路；

(3) 对于 RC 电路来说，$\tau=RC$；对于 RL 电路来说，$\tau=\dfrac{L}{R}$；其中电阻 R 是将电路中的独立电压源和独立电流源作用置零后，从储能元件(电容 C 或电感 L)两端看进去，求出的端口的输入电阻。

例 5.3.1　电路如图 5.3.1 所示，$t=0$ 时开关闭合，求电路的时间常数 τ。

解　将电压源短接后，等效电阻为

$$R = 1 + \frac{2 \times 2}{2+2} = 2 \ \Omega$$

故时间常数为

$$\tau = RC = 2 \times 1 = 2 \ \text{s}$$

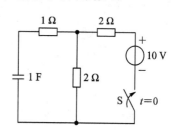

图 5.3.1　例 5.3.1 图

例 5.3.2　某一阶电路的响应 $u(t)=(-5+10e^{-2t})$ V，$t \geqslant 0$，求其三要素。

解
$$u(0_+) = -5 + 10 \times 1 = 5 \ \text{V}$$
$$u(\infty) = -5 \ \text{V}$$
$$\tau = \frac{1}{2} = 0.5 \ \text{s}$$

例 5.3.3　图 5.3.2 所示电路在换路前已达稳态。当 $t=0$ 时开关接通，求 $t \geqslant 0$ 时的 $i(t)$。

解
$$u_C(0_+) = u_C(0_-) = 42 \times 3 = 126 \ \text{V}$$
$$i(0_+) = 42 + \frac{126}{6} = 63 \ \text{mA}$$
$$i(\infty) = 42 \ \text{mA}$$
$$\tau = RC = 6 \times 10^3 \times 100 \times 10^{-6} = 0.6 \ \text{s}$$

可得　$i(t) = (42 + 21e^{-1.67t}) \text{mA} \quad t \geqslant 0$

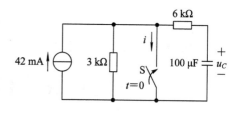

图 5.3.2　例 5.3.3 图

例 5.3.4　图 5.3.3 所示电路原已达稳态。当 $t=0$ 时开关接通，求 $t \geqslant 0$ 时的 $u_C(t)$ 并绘出波形图。

解
$$u_C(0_+) = u_C(0_-) = \frac{100}{5+3+2} \times (3+2) = 50 \ \text{V}$$
$$u_C(\infty) = \frac{100}{5+3+1} \times 3 = \frac{100}{3} \ \text{V}$$
$$\tau = RC = 2 \times 10^3 \times 5 \times 10^{-6} = 0.01 \ \text{s}$$

得
$$u_C(t) = \left(\frac{100}{3} + \frac{50}{3}e^{-100t} \right) \text{V} \quad t \geqslant 0$$

$u_C(t)$ 的波形如图 5.3.4 所示。

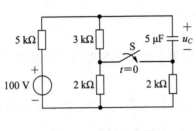

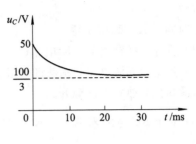

图 5.3.3 例 5.3.4 图　　　　　　　　　图 5.3.4 例 5.3.4 解图

例 5.3.5 图 5.3.5 所示电路 $t<0$ 时已达稳态。当 $t=0$ 时开关断开，求 $t \geqslant 0$ 时的 $u(t)$ 并绘出波形图。

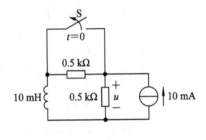

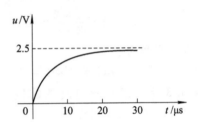

图 5.3.5 例 5.3.5 图　　　　　　　　　图 5.3.6 例 5.3.5 解图

解

$$u(0_+) = 0 \text{ V}$$

$$u(\infty) = \frac{10}{2} \times 10^{-3} \times 0.5 \times 10^3 = 2.5 \text{ V}$$

$$\tau = \frac{10 \times 10^{-3}}{(0.5 + 0.5) \times 10^3} = 1 \times 10^{-5} \text{ s}$$

得

$$u(t) = (2.5 - 2.5e^{-10^5 t})\text{V} \quad t \geqslant 0$$

$u(t)$ 的波形如图 5.3.6 所示。

5.4　RC 微分电路和积分电路

　　在电子技术中，常需把矩形脉冲信号变换为尖脉冲，用于电路的上电复位或上电清零（例如单片机的上电复位）；或者需将矩形波变换为三角波或锯齿波，用于波形的转换以实现某个控制功能。我们常用 RC 串联电路，输入矩形脉冲，通过电容 C 的充放电作用（即暂态过程）实现上述两个作用。

5.4.1　RC 微分电路

　　如图 5.4.1 所示为一无源双口网络，在输入端（1、2 端）加输入信号电压 u_i，从电阻两端（3、4 端）输出信号电压 u_o。

　　当输出端开路时，有

$$u_o = Ri = RC\frac{\mathrm{d}u_C}{\mathrm{d}t}$$

可见，输出电压 u_o 与电容电压 u_C 对时间的导数成正比。若使 $u_C \gg u_o$，则

$$u_i = u_C + u_o \approx u_C$$

即
$$u_o = Ri = RC \frac{\mathrm{d}u_C}{\mathrm{d}t} \approx RC \frac{\mathrm{d}u_i}{\mathrm{d}t} \qquad (5.4.1)$$

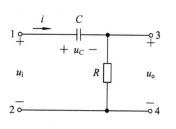

图 5.4.1　RC 微分电路

可见，为了使电路具有"微分"功能，必须满足 $u_C \gg Ri$ 的条件，这就要求电阻 R 要小，电容 C 也要小，也就是要求时间常数 $\tau = RC$ 要很小，一般取 $\tau < 0.2 T_w$，其中 T_w 为输入脉冲的宽度，这时电路的充放电过程将进行得很快。

下面分析 RC 微分电路在输入矩形脉冲信号电压时的响应。输入信号电压波形如图 5.4.2(a) 所示。设电路中的时间常数 $\tau = RC \ll T_w$。

电路响应可分段分析：

当 $0 < t < t_1$ 时，$u_i = 0$，信号源短路，电容 C 无电荷积累或释放，电路中 $i = 0$，$u_o = 0$。

当 $t = t_1$ 瞬间，因 $u_C(t_{1-}) = 0$，且不能跃变，因此 $u_o = u_i$，而后 C 两端电压增长，充电电流衰减，由于 C 的充电过程进行很快，在 $t_1 < t < t_2$ 范围内，u_C 已充到稳态值，$u_C = U$，而 u_o 也衰减到零（$u_o = u_i - u_C$）。这样，在输出端 R 上产生一个正尖脉冲。

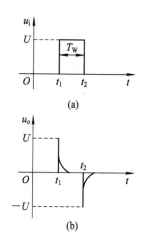

图 5.4.2　RC 微分电路波形

在 $t = t_2$ 瞬间，u_i 为零，此时 RC 电路自成回路放电，由于 u_C 不能跃变，所以 $u_o = -u_C = -U$。电容 C 放电过程很快，因而在 R 上输出得到一个负尖脉冲，如图 5.4.2(b) 所示。

因为电容 C 的充放电速度很快，u_o 存在时间很短，所以 $u_i = u_C + u_o \approx u_C$，而 $u_o = Ri = RC \frac{\mathrm{d}u_C}{\mathrm{d}t} \approx RC \frac{\mathrm{d}u_i}{\mathrm{d}t}$，这说明输出电压 u_o 近似地与输入电压 u_i 的微分成正比，因此称这种电路为微分电路。电路输出的双向指数脉冲是由输入矩形脉冲"前沿"的正跳变和"后沿"的负跳变分别产生的，所以微分电路的作用是突出输入信号的沿变部分。在电子技术中，常用它来把矩形脉冲信号变换为尖脉冲。

5.4.2　RC 积分电路

如果把 RC 电路连成如图 5.4.3 所示，而电路的时间常数 $\tau \gg T_w$，则此 RC 电路在脉冲信号作用下的电路称为积分电路。

由于 $\tau \gg T_w$，因此在整个脉冲持续时间内（脉宽 T_w 时间内），电容两端电压 $u_C = u_o$ 缓慢增长。当 u_C 还未增长到稳定状态时，脉冲已经消失，而后电容缓慢放电，输出电压 $u_o = u_C$ 缓慢衰减。u_C 的增长和衰减虽然仍按指数函数变化，但由于 $\tau \gg T_w$，其变化曲线尚处指数曲线的初始段，近似为直线段，因此输入和输出波形如图 5.4.4(a) 和 (b) 所示。

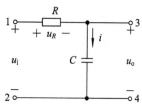

图 5.4.3　RC 积分电路

由于电容充放电过程非常缓慢，所以有

$$u_\text{o} = u_C \ll u_R$$

而
$$u_\text{i} = u_R + u_\text{o} \approx u_R = Ri$$

$$i \approx \frac{u_\text{i}}{R}$$

故
$$u_\text{o} = u_C = \frac{1}{C}\int i \ \mathrm{d}t = \frac{1}{RC}\int u_\text{i} \ \mathrm{d}t \qquad (5.4.2)$$

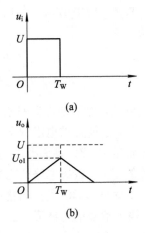

式(5.4.2)表明，输出电压 u_o 近似地与输入电压 u_i 的积分成正比，因此称这种电路为 RC 积分电路。在 RC 积分电路的输入端加上一个矩形信号电压后，在输出端会得到一个锯齿波信号电压。电路的时间常数越大，充放电的过程就越缓慢，锯齿波的线性度就越好。显然，矩形脉冲经"积分"后跳变现象消失了，幅度被压低。因此，和微分电路相反，

图 5.4.4　RC 积分电路波形

积分电路的作用是把输入信号的突然变化转换成缓慢变化。在电子技术中常用它来将矩形波变换为三角波或锯齿波。

习　题

5.1　图示电路中 $u_C(0_-)=0$ V，当 $t=0$ 时开关接通，求初始值 $i_C(0_+)$。

5.2　求图示电路中开关 S 闭合后电感电流的初始值 $i_L(0_+)$ 和其他几个暂态初始值 $u_L(0_+)$、$i(0_+)$ 及 $i_\text{s}(0_+)$。

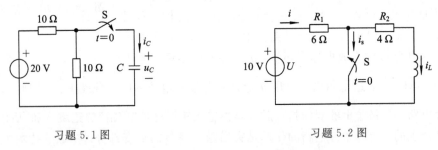

习题 5.1 图　　　　　　　　　　　　习题 5.2 图

5.3　图示电路原已处于稳态，在 $t=0$ 时开关打开，求初始值 $i(0_+)$。

5.4　图示电路原已处于稳态，在 $t=0$ 时开关打开，求初始值 $i(0_+)$。

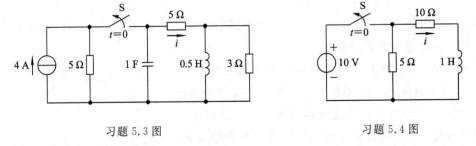

习题 5.3 图　　　　　　　　　　　　习题 5.4 图

5.5　图示电路原已达稳态，在 $t=0$ 时开关打开，求在 $t=0_+$ 时的 i 和 u。

5.6　图示电路在 $t=0_-$ 时已达稳态，$t=0$ 时开关接通，求 $i_L(0_+)$ 和 $u_L(0_+)$。

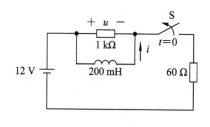

习题 5.5 图

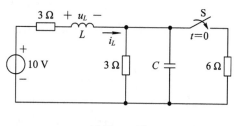

习题 5.6 图

5.7　电路如图所示,求电路的时间常数 τ。

5.8　电路如图所示,发射的枪弹由左向右依次击断 ab 导线和 cd 导线,然后测得 $u_C = 8.80$ V。求枪弹在两导线间的运动速度。

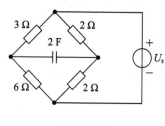

习题 5.7 图

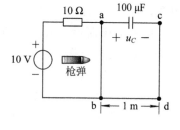

习题 5.8 图

5.9　电路如图所示,$t = 0$ 时开关打开,则 $t \geqslant 0$ 时,求电感电压 $u(t)$。

5.10　图示电路在 $t < 0$ 时已达稳态。当 $t = 0$ 时开关接通,求 $t \geqslant 0$ 时的 $i_L(t)$。

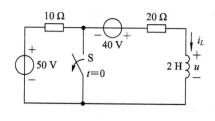

习题 5.9 图

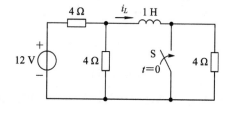

习题 5.10 图

5.11　图示电路当 $t = 100$ s 时开关接通,$u(100) = -3$ V,求 $t \geqslant 100$ s 时的 $u(t)$。

5.12　图示电路在 $t = 0_-$ 时已达稳态,当 $t = 0$ 时开关接通,求 $t \geqslant 0$ 时的 $u_C(t)$ 和 $i_1(t)$。

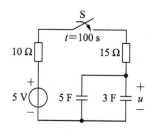

习题 5.11 图

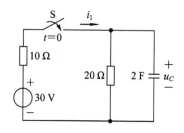

习题 5.12 图

5.13　图示电路在 $t<0$ 时已处于稳态。当 $t=0$ 时开关由 a 接至 b，求 $t\geqslant0$ 时的 $u_C(t)$。

5.14　图示电路在 $t=0_-$ 时已达稳态，当 $t=0$ 时开关接通，求 $t\geqslant0$ 时的 $i_L(t)$ 和 $i_1(t)$。

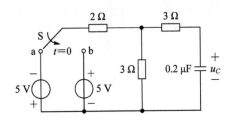

习题 5.13 图

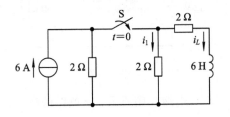

习题 5.14 图

5.15　图示电路原已达稳态，当 $t=0$ 时开关闭合，求 $t\geqslant0$ 时的 $i(t)$。

5.16　电路如图所示，当 $t=0$ 时开关闭合，闭合前电路已达稳态，试求 $t\geqslant0$ 时的 $i(t)$。

5.17　图示电路原已处于稳态，$t=0$ 时开关闭合，试求 $t\geqslant0$ 时的 $u_C(t)$ 和 $i_C(t)$。

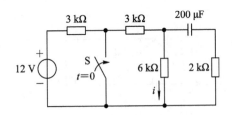

习题 5.15 图

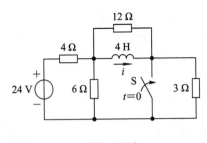

习题 5.16 图

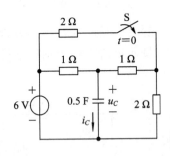

习题 5.17 图

5.18　电路如图所示，当 $t=0$ 时开关闭合，闭合前电路已处于稳态。试求 $t\geqslant0$ 时的 $i(t)$。

5.19　图示电路原已处于稳态，当 $t=0$ 时开关闭合，求 $t\geqslant0$ 时的 $i(t)$ 和 $u(t)$。

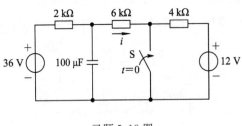

习题 5.18 图

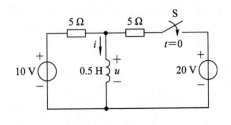

习题 5.19 图

5.20　图示电路原已处于稳态，在 $t=0$ 时开关由接 a 转到接 b，求 $t\geqslant0$ 时的 $i(t)$。

5.21　电路如图所示，当 $t=0$ 时开关打开，打开前电路已处于稳态，求 $t\geqslant0$ 时的 $u_C(t)$。

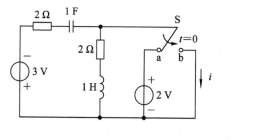

习题 5.20 图

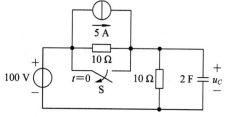

习题 5.21 图

5.22　电路如图所示，当 $t=0$ 时开关由接 a 改为接 b，求 $t \geqslant 0$ 时的 $u(t)$。

5.23　图示电路在 $t<0$ 时已达稳态，当 $t=0$ 时开关接通，求 $t \geqslant 0$ 时的 $u_C(t)$ 和 $i(t)$。

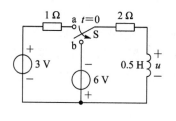

习题 5.22 图

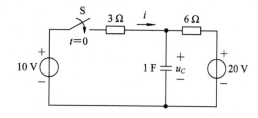

习题 5.23 图

第6章　电路测试基本技能训练

本章的主要内容是关于电路知识的基本技能训练项目，这些项目既包含电路测试时常用的电子仪器设备的功能与使用技巧，又涵盖电路基础知识的主要知识点，通过测试训练后能更进一步理解电路的相关概念并提高应用能力。

6.1　实训项目——常用电子仪器使用

在进行电子实验、检修电子电器设备时，常用到一些电子仪器仪表，如示波器、信号发生器、直流稳压电源、万用表等。对这些常用的电子仪器仪表，我们必须了解其基本工作原理，熟练掌握其应用，为今后使用这些电子仪器仪表进行电子实验打下坚实的基础。

• 做什么？

本次要做的实训项目是学习示波器、信号发生器、直流稳压电源、万用表等一些常用仪器仪表的使用，了解示波器的基本工作原理，尤其是示波器的使用，要反复训练。

本实训项目新的知识增长点主要是电子仪器的使用。

• 跟我看

1. 示波器的使用

1）示波器的基本结构

示波器的型号很多，它们的工作原理和使用方法大体相同。图 6.1.1 所示是示波器的

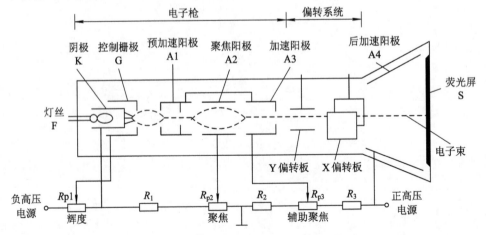

图 6.1.1　示波器的结构示意图

结构示意图。灯丝用来给阴极加温；涂有氧化物的阴极加温后可以发射电子；加有负电压的栅极用来控制发射电子的多少，即用来调波形亮度；阳极用来对电子加速并聚焦，即用来调波形清晰度；垂直偏转板（Y 偏转板）用来调波形上下移位；水平偏转板（X 偏转板）用来调波形左右移位。

　　2）示波原理

　　调整好电子束的亮度、聚焦，使电子束打到屏幕的左端成一个亮点；内部锯齿波扫描电压加于水平偏转板，则电子束亮点在锯齿波扫描电压的驱动下，在屏幕中反复打出一条扫描线。在此基础上，信号加于示波器 Y 轴（垂直偏转板），调整信号幅度至适当大小，若信号是正弦波，则此时电子束亮点会在水平偏转板的锯齿波扫描电压和垂直偏转板的正弦波信号电压的双重合力下，在示波器屏幕中显示出此正弦波信号。此示波原理如图 6.1.2 所示。

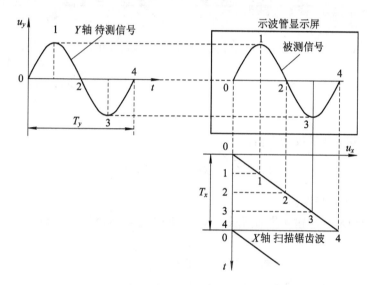

图 6.1.2　示波原理

　　3）示波器的使用

　　下面以 30 MHz 通用型 V-5030 型示波器为例来说明示波器的使用。图 6.1.3 所示是其面板结构，各旋钮的作用如下。

　　（1）电子枪。电子枪用来发射电子，并通过控制电子发射的多少来控制信号亮度；通过控制电子束聚焦的好坏来调整波形的清晰度。这一部分的旋钮在面板的左部，其中：

　　　　POWER——电源开关；

　　　　TRACE ROTATION——基线调整；

　　　　INTEN——亮度；

　　　　FOCUS——聚焦。

　　（2）信号通道。信号通道用来控制信号显示的大小、信号的上下移动、信号的通断等。这一部分的开关旋钮在面板的下部，其中：

　　　　INPUT——第一通道 CH1 信号输入插口；

　　　　VOLTS/DIV——伏/格旋钮，调信号高度。其中心的小旋钮为微调旋钮，用于微调图像在屏幕上显示幅度的高低。在测量电压幅值时该旋钮应沿顺时针方向旋到底，即关断

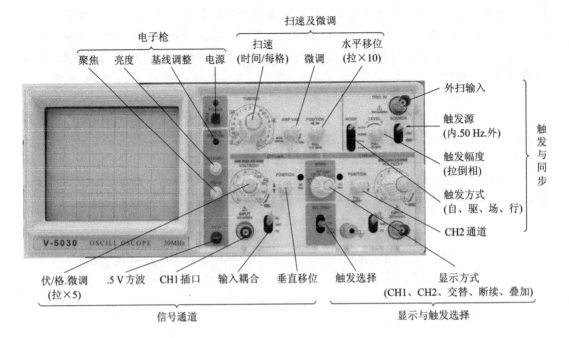

图 6.1.3　V-5030 型示波器面板

位置。拉出此旋钮，波形放大 5 倍。

　　▲▼POSITION——光迹上下移动。对于 CH2 通道来说，当该旋钮拉出时，信号显示反向；CH1 通道无此功能。

　　AC GND DC——输入耦合开关，AC 只通过交流；GND 信号被接地；DC 交直流均通过。

　　DC BAL——垂直轴平衡调整，只在修理时使用。

　　第二通道 CH2 与第一通道相同，其开关旋钮位置在右下方。

　　CAL——机内 1 kHz、0.5 V 方波输出端口，用于读数校准。

　　（3）显示与触发选择。

　　MODE——显示选择，有五种显示方式。

　　CH1：显示 CH1 通道信号。

　　CH2：显示 CH2 通道信号。

　　ALT：双通道交替显示，适合于观察快速变化的信号。

　　CHOP：双通道断续显示，适合于观察缓慢变化的信号。

　　ADD：叠加，显示 CH1、CH2 通道叠加的信号波形。

　　INT TRIG——触发选择，有三种选择。

　　CH1：用 CH1 通道信号去触发。

　　CH2：用 CH2 通道信号去触发。

　　VERT：用两通道信号去交替触发。

　　（4）触发与同步。触发与同步用来产生锯齿波扫描电压，并使扫描电压与输入信号同步以稳定波形。这一部分的旋钮在面板的右上部，其中：

　　MODE——扫描方式选择，有四种扫描方式。

　　AUTO：自动扫描触发方式，有无信号输入都有扫描光迹，为常用方式。

　　NORM：信号触发扫描方式，有信号输入时才有扫描光迹，用于观察间歇脉冲。

　　TV－V：电视场信号同步触发方式。

　　TV－H：电视行信号同步触发方式。它是一种较好的触发方式，常选用。

　　SOURCE——触发源选择，有三种触发源。

　　INT：内触发模式，触发源取自输入信号。CH1 方式，即取 CH1 信道输入信号作触发源；CH2 方式，即取 CH2 信道输入信号作触发源；VERT 方式：两通道交替触发，由"INT TRIG"开关转换。

　　LINE：机内生成 50 Hz 触发信号。

　　EXT：外触发模式，触发信号由面板右上角的 EXT 口输入。

　　一般使用哪个信道，就选哪个通道信号作触发源，双踪显示时若频率相同，可选幅度较大的那一个通道信号作触发源；两通道输入信号频率不同时可采用频率较高信道的信号或采用 VERT 方式。

　　LEVEL——触发电平调节，用于调节图像稳定。第二功能是拉出，信号被倒相（触发电平取自触发信号的下降沿）。

　　（5）扫速及其微调。扫速及其微调用来调整扫描速度，以使屏幕上显示的每秒钟波形个数适当。

　　TIME/DIV——时间/每格，扫速。在 $X-Y$ 位置时，CH1 作水平扫描用，CH2 仍为 Y 轴信号。

　　SWP VAR——扫速微调。在进行时间测量时该旋钮应顺时针方向旋到尽头，即关断位置。

　　◀▶ POSITION——光迹左右移动。第二功能是拉出，扫速扩展 10 倍，用于观察波形细节。

2. 信号发生器的使用

　　信号发生器是一个振荡器，其振荡信号频率和输出幅度均可调。信号发生器的型号很多，本实验室用 SM－1641 型信号发生器，它可产生正弦波、三角波、方波。其频率范围为 0.1 Hz～2 MHz，输出阻抗为 50 Ω，输出幅度空载最大为 20 V_{P-P}，正弦波失真度＜1％；输出 TTL 低电平≤0.4 V，高电平≥3.5 V；CMOS 低电平≤0.5 V，高电平 5 V～14 V 可调，此外还可作频率计使用。图 6.1.4 所示是其面板。面板上各旋（按）钮的作用可归纳如下。

　1）工作显示

　　POWER——电源开关。

　　GATE——门控指示灯。当该指示灯闪亮时，频率显示正确。

　　OV.FL——溢出指示灯。当信号频率超过频率计的量程时，该指示灯亮。

　2）波形选择

　　FUNCTION——输出波形选择。

　3）输出频率

　　RANGE——频率范围选择。

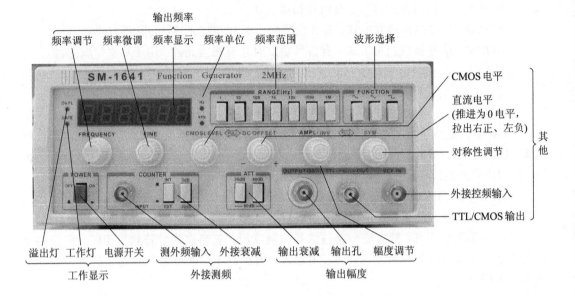

图 6.1.4　SM - 1641 型信号发生器面板

FREQUENCY——频率调节。

FINE——频率微调。

Hz/kHz——频率单位。

6 位数显频率窗口。

4）输出幅度

OUTPUT——输出插孔。

AMPL/INV——幅度调节。（拉出反相。）

ATT——输出衰减。衰减 20 dB 输出为原来的 1/10，衰减 40 dB 输出为原来的 1/100。

5）外接测频

INPUT——外部待测频率的信号输入插口。

INT/EXT——弹出时测内频，按下时测外频。

0 dB/-20 dB——弹出为 0 dB，按下为 -20 dB。

6）其他

CMOS LEVEL——CMOS 电平调节。

DC OFFSET——直流电平调节。推进时为 0 电平，拉出时右为正，左为负。

SYM——对称性（占空比）调节。

VCF IN——外接电压控制频率输入插口。

TTL/CMOS OUT——数字脉冲输出插口。

应用举例

例 6.1.1　用示波器 CH1 通道观察 0.5 V 机内方波。

（1）接信号：插口 CH1 接 0.5 V 机内方波。

（2）触发选择：置内触发"INT"、触发方式"AUTO"、触发信道"CH1"、显示方式

"CH1"。

（3）找出扫描基线：输入耦合置"GND"，调垂直移位使扫描基线位置合适，输入耦合再回置"DC"。

（4）调波形显示：伏/格置"0.2 V/格"、时间/格置 0.5 ms/格，在显示屏上即显示出如图 6.1.5 所示波形。

（5）波形读数：

电压幅值 $U_m = 0.2$ V/格 $\times 2.5$ 格 $= 0.5$ V；

波形周期 $T = 0.5$ ms/格 $\times 2$ 格 $= 1$ ms；

波形频率 $f = 1/T = 1/1$ ms $= 1$ kHz。

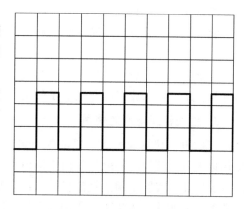

图 6.1.5　机内方波测试

例 6.1.2　用示波器观察信号发生器频率 $f = 1000$ Hz、峰值 $U_m = 200$ mV 的正弦波信号。

1. 信号源操作

（1）选中正弦波。

（2）频率范围置 1 k，调节频率调节旋钮和频率微调旋钮使频率显示为 1.000 kHz。

（3）信号输出接至示波器 CH1 插口。

2. 示波器操作

（1）触发选择：置内触发"INT"、触发方式"AUTO"、触发信道"CH1"、显示方式"CH1"。

（2）找出扫描基线：输入耦合置"GND"，调垂直移位使扫描基线在中间位置，输入耦合再回置"AC"。

（3）调波形显示：伏/格置"0.1 V/格"、时间/格置 0.2 ms/格，在显示屏上即显示出如图 6.1.6 所示波形。

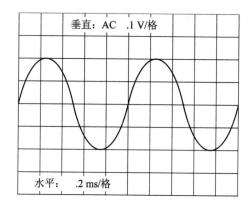

图 6.1.6　$f = 1$ kHz，$U_m = 200$ mV 正弦波测试

（4）波形读数：

电压幅值 $U_m = 0.1$ V/格 $\times 2$ 格 $= 0.2$ V；

波形周期 $T = 0.2$ ms/格 $\times 5$ 格 $= 1$ ms；

波形频率 $f=1/T=1/1$ ms $=1$ kHz。

例 6.1.3　用示波器观察信号发生器频率 $f=1000$ Hz、峰值 $U_{\mathrm{m}}=20$ mV 的正弦波信号。

操作方法：在例 6.1.2 的基础上，将信号源输出衰减 20 dB，示波器伏/格置为 20 mV/格即可。此时在示波器屏幕上显示的就是幅值为 20 mV、频率为 1 kHz 的正弦波信号。

3. 直流稳压电源的使用

使用电子仪器仪表时一般都要用到直流电源。这些直流电源，除一些超小型仪器仪表使用电池外，其他的一般都是由交流电网～220 V 经降压、整流、滤波、稳压后，得到稳定的直流电压。实验室用的直流稳压电源，就是专供实验时各种实验电路所用的电源。稳压电源的型号很多，本实验室所用的是 MCH‐303D‐Ⅱ型双路输出直流稳压电源。其两路 0 V～30 V 可调输出，电流为 0 A～3 A，两路电源可设定为独立、并联、串联三种工作模式。固定 5 V 输出，输出电流可设定为 1 A～3 A。图 6.1.7 所示是其面板，面板上各旋钮作用如下。

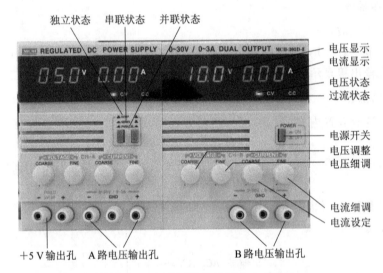

图 6.1.7　MCH‐303D‐Ⅱ型直流稳压电源面板

POWER——电源开关。

VOLTAGE——电压调整。

FINE——电压细调。

C. V——电压状态。

C. C——过流状态。

CURRENT——电流设定。

COARSE——电流细调。

FIXED——+5 V 输出孔。

GND——仪器地。

INDEP——独立状态。

SERIES——串联状态。

PARALLEL——并联状态。

4．指针式万用表的使用

万用表有指针式万用表和数字万用表之分，它们又各有许多种型号。现以 UA - 8080 型指针式万用表为例介绍万用表的使用。图 6.1.8 所示是 UA - 8080 型万用表面板。

UA - 8080 型万用表使用比较简单，它只有一个旋钮。使用时放好量程，正确读数即可。

第一条刻度线：测电阻时读第一条刻度线。测量时读数乘以量程即为所测电阻的阻值。测试前要短路表笔进行欧姆调零。

第二条刻度线：测直流电流、直流电压、交流电压时读数；所选量程是指满刻度值。

第三条刻度线(红色)是测交流 10 V 的专用线。

第四条刻度线(绿色)是测三极管 β(即 hFE)的，此时将待测三极管 NPN(或 PNP)的三个电极 e、b、c 对应插入面板右边的 E、B、C 插孔，将旋钮置 hFE(×10)位置，此时从第四条刻度线(绿色)就可直接读出此三极管的 β 值。

第五条刻度线：测三极管 I_{CEO} 值及负载电流(LI)。

第六条刻度线：测负载电压(LV)用。

第七条刻度线：测音频电平(dB)用。

后三条刻度线极少使用。

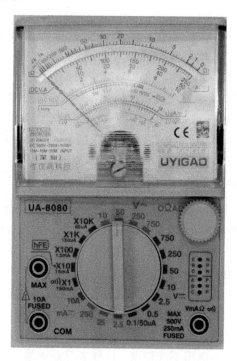

图 6.1.8　UA - 8080 型万用表面板

5．数字万用表的使用

数字万用表多为用 7106、7126、7136 等集成 A/D 芯片制成的三位半数字万用表，测量结果用液晶直接显示。现以 DT9205 型数字万用表为例来介绍。图 6.1.9 所示是 DT9205 的面板。

图 6.1.9　DT9205 型万用表面板

1）项目与量程

（1）Ω 挡：有 200、2 k、20 k、200 k、2 M、20 M、200 MΩ 七个挡位。

（2）DCV：有 200 m、2、20、200、1000 V 五个挡位。

（3）ACV：有 200 m、2、20、200、750 V 五个挡位。

（4）hFE：有 PNP、NPN 两类三极管的插孔，测量时将三极管相应电极对应插入，此时能直接显示被测管的 β 值。

（5）F：有 2 n、20 n、200 n、2 μ、20 μF 五个挡位，被测电容插于 CX 孔内即可。

（6）ACA：有 2 m、20 m、200 m、10 A 四个交流电流挡位。

（7）DCA：有 2 m、20 m、200 m、10 A 四个直流电流挡位。

（8）$\rightarrow\!\!\vdash$：LED 及声响。测二极管（PN 结）时：正向显示正向压降，反向显示 1 表示电阻为∞，短路时 LED 亮，声响。测通断时：通（<30 Ω）则 LED 亮，声响；断则显示 1 表示电阻为∞。

此外，还有一个测大电流 20 A 的测量插孔。

2）使用注意

（1）项目与量程不要放错。

（2）正、负表笔不要接错。

（3）测电路中的电阻时，电阻不应带电，且红表笔是电池的正极（这一点与指针万用表相反）。

（4）若最低位显示在不断变化时，读数取其平均值。

（5）使用当中注意随时关断电源，以延长其内部电池的使用时间。长期不用时应取出电池，防止氧化漏电损坏万用表。

• 小资料

　　示波器的类型较多，按信号处理方式分有模拟示波器和数字示波器；按频率分有超低频、低频、高频、超高频示波器；按显像管分有阴极射线管和液晶显示示波器；按余辉时间长短分有长余辉、中余辉、短余辉示波器等，选用示波器时要根据信号对象去选用合适的示波器，示波器选择不当会影响显示波形的效果甚至无法使用。

• 小技巧

　　初次使用示波器时，可将亮度旋钮调至最亮；聚焦旋钮、水平移位旋钮、垂直移位旋钮均置中间位置；置自动扫描位置；触发信号置最大。这样做可防止扫描线太暗、扫描线落到显示屏之外而看不到扫描线或看不到信号。等显示屏中有扫描线或信号时，再去适当调整各旋钮位置，使显示信号位置至合适为止。

• 算一算

　　1. 波形幅值的计算

　　某信号在屏幕垂直位置时显示波形的峰峰值占屏幕 6 格，而伏/格旋钮在 0.5 V/格位置，问：此信号的振幅值是多少伏？

　　解：峰峰值为 0.5 V/格×6 格＝3 V，振幅值为 3 V×1/2＝1.5 V。

　　2. 波形周期与频率的计算

　　某信号在屏幕水平位置时显示波形的一个周占屏幕 4 格，而时间/格旋钮在 2 ms/格位置。问：此信号的周期是多少秒？

　　解：周期为　　　　　　$T＝2\ \text{ms/格}×4\ \text{格}＝8\ \text{ms}＝0.008\ \text{s}$

　　　　频率为　　　　　　$f＝1/T＝1/0.008\ \text{s}＝125\ \text{Hz}$

• 自己做

　　示波器与信号发生器的配合使用：用示波器观察 $f＝2000\ \text{Hz}$，峰峰值 $U_{\text{opp}}＝0.4\ \text{V}$ 的正弦波。

　　操作(主要旋钮的操作)如下：

　　(1) 信号发生器：接通电源，波形选择正弦波；频率范围置 1 k 或 10 k，调频率调节及其微调使频率显示为 2.000 kHz；输出衰减弹出；输出幅度调节置适当位置(待后再精确调节)；将此信号加于示波器 CH1 插口。

　　(2) 示波器：接通电源，垂直和水平位移置适当(使波形在合适位置)；调亮度和聚焦使波形清晰；置时间/格为 0.1 ms/格(预想一个周期波形在显示屏的水平跨度为 5 格)；置伏/格为 0.1 V/格(预想波形在显示屏的垂直峰峰间高度占 4 格)；调节信号发生器的输出幅度，使波形在屏幕上显示其峰峰值为 4 格。实际一个周期波形在显示屏的水平跨度为 5 格。

　　① 波形峰峰值：$U_{\text{opp}}＝0.1\ \text{V/格}×4\ \text{格}＝0.4\ \text{V}＝400\ \text{mV}$，振幅值 $U_{\text{om}}＝0.4\ \text{V}×1/2＝0.2\ \text{V}$。

② 波形的周期与频率：$T=0.1$ ms/格×5 格$=0.5$ ms，$f=1/T=1/0.5$ ms$=2$ kHz。

• 想一想，跟我做

（1）初次使用示波器，通电后显示屏什么也没有是什么原因？这可能是亮度调至最小，或垂直移位和水平移位调节不当使显示在屏幕以外了，重调这几个旋钮试试看。

（2）屏幕显示的波形不稳定是什么原因？这可能是触发信号过小、触发信号源不对造成扫描不同步所致，可以加大触发信号、改变触发信号源来试试。否则就是信号频率过低造成显示闪烁，这是正常现象。

• 自己写

（1）用示波器和信号发生器调节并显示一个 $f=2000$ Hz，$U_{opp}=0.4$ V 的正弦波信号。

（2）用示波器和信号发生器调节并显示一个 $f=25$ kHz，振幅值 $U_{om}=2$ V 的方波信号。

（3）用万用表测电阻和测电压。

① 用万用表测量 100 Ω、3 kΩ、15 kΩ 三个电阻的电阻值；

② 用稳压电源调出 $+5$ V、$+15$ V 的电源并用万用表测量电压值；

③ 用万用表测量实验台电源插座上的～220 V 电压。

完成表 6.1.1 和表 6.1.2 的测试填写。

（4）写出实训报告。

表 6.1.1 示波器与信号发生器使用练习记录

正弦波：$f=2.000$ kHz，幅值 $U_{om}=200$ mV；方波：$f=25$ kHz，幅值 $U_{om}=2$ V。

项目	信号发生器旋钮位置					示波器旋钮位置				结果
	波形选择位置	频率范围位置	频率调节位置	输出幅度位置	输出衰减位置	伏/格数	波形垂直所占格数	秒/格数	波形一周所占格数	格数×显示数
正弦波										$U_{om}=$ $f=$
方波										$U_{om}=$ $f=$

表 6.1.2 稳压电源与万用表使用记录

标称值	100 Ω	3 kΩ	15 kΩ	$+5$ V	$+15$ V	～220 V
实测值						

• 考考你

（1）怎样用示波器看脉冲波形的上升沿或下降沿等波形中的局部细节？

（2）正电源和负电源是怎么回事？正电源和电源的正是一回事吗？负电源和电源的负是一回事吗？

（3）衰减 20 dB 是衰减到原来的多少？衰减 40 dB 是衰减到原来的多少？

6.2　实训项目——电阻、电容、电感使用常识

电阻、电容、电感是电子电路中常用的三大无源组件。尤其是电阻和电容，在电路中几乎无所不在，所以对于电阻、电容、电感的使用常识，要有一个基本的了解，对它们要会认识、会测试、会使用。

• 做什么?

本次实训就要认识电阻、电容、电感，学习读取它们的标称值，会用万用表测试电阻的阻值，判断电容、电感的好坏，能直读色环电阻、电感的标称值，直读数标电容、电位器的标称值。会正确使用电阻、电容、电感。

本实训项目新的知识增长点主要是电阻、电容、电感的使用常识。

• 跟我看

1. 电阻的使用常识

1) 普通电阻的种类

(1) 碳膜电阻(RT)：阻值在几 Ω～几十 MΩ 最常用。精度和稳定性稍差，价格低。

(2) 金属膜电阻(RJ)：阻值在几 Ω～几十 MΩ，耐热、稳定、精确、体积小、价格高。

(3) 线绕电阻(RX)：阻值在 1 MΩ 以内，功率大，可达 500 W，稳定、精确、价格高。

2) 特种电阻的种类

(1) 热敏电阻(Rt)：正温 PTC，负温 NTC；　　　　(2) 光敏电阻(RG)；

(3) 压敏电阻(RV)；　　　　　　　　　　　　　　(4) 磁敏电阻(RM)；

(5) 湿敏电阻(RS)；　　　　　　　　　　　　　　(6) 力敏电阻(LR)；

(7) 气敏电阻(RQ)；　　　　　　　　　　　　　　(8) 保险电阻(熔断电阻)；

(9) 电阻排；　　　　　　　　　　　　　　　　　(10) 片状电阻。

3) 电阻的符号

各种电阻的符号如图 6.2.1 所示。

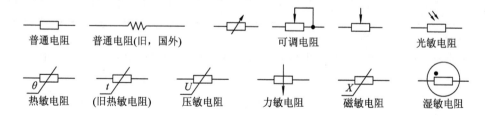

普通电阻　　普通电阻(旧，国外)　　　　可调电阻　　　　　　光敏电阻

热敏电阻　　(旧热敏电阻)　　压敏电阻　　力敏电阻　　磁敏电阻　　湿敏电阻

图 6.2.1　电阻的符号

4) 电阻的功率

电阻的功率类型如图 6.2.2 所示。电阻的体积越大其功率也越大。10 W 以上的电阻因其体积较大，其功率和阻值都直接标注在电阻体上。

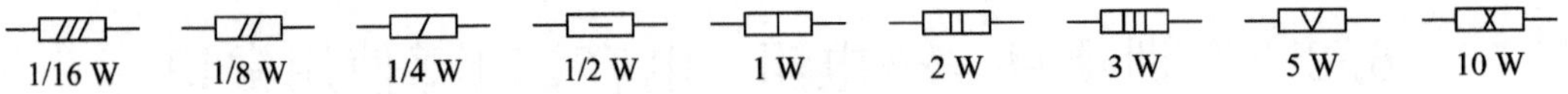

| 1/16 W | 1/8 W | 1/4 W | 1/2 W | 1 W | 2 W | 3 W | 5 W | 10 W |

图 6.2.2　电阻的功率

5）电阻的单位

电阻的单位有 Ω、$k\Omega$、$M\Omega$、$G\Omega$、$T\Omega$，它们均以 10^3 为进位，如 $1\ k\Omega = 10^3\ \Omega$，$1\ M\Omega = 10^3\ k\Omega$ 等。

6）电阻的标称值

普通系列有 E_6、E_{12}、E_{24} 系列，如表 6.2.1 所示；精密系列有 E_{48}、E_{96}、E_{192} 系列。

系列值中的数字 $\times 10^n$，$n = 0$、1、2、3、$\cdots$ 就是该系列应有的具体电阻值的品种。

表 6.2.1 中的"容许误差"有的用百分数表示，有的用 J、K、M 表示，有的用 I 、II 、III 级表示。

表 6.2.1　常用电阻器标称系列

系列代号	容许误差	系 列 值
E_{24}	$\pm 5\%$ (J) (I)	1.0　1.1　1.2　1.3　1.5　1.6　1.8　2.0　2.2　2.4　2.7　3.0 3.3　3.6　3.9　4.3　4.7　5.1　5.6　6.2　6.8　7.5　8.2　9.1
E_{12}	$\pm 10\%$ (K) (II)	1.0　　1.2　　1.5　　1.8　　2.2　　2.7 3.3　　3.9　　4.7　　5.6　　6.8　　8.2
E_6	$\pm 20\%$ (M) (III)	1.0　　1.5　　2.2 3.3　　4.7　　6.8

7）可变电阻（电位器）的类型

电位器的类型从不同角度出发有不同的分类，有：直线型、对数型、指数型；旋转式、推拉式、直滑式；膜式、实心、线绕；单圈、多圈；可调、半可调；带开关、锁紧、贴片；单联、双联、多联等。

8）电位器的功率

电位器的功率等级如表 6.2.2 所示。

表 6.2.2　电位器功率等级（W）

线绕			0.25	0.5	1	1.6	2	3	5	10	16	25	40	63	100	...
非线绕	0.025	0.05	0.1	0.25	0.5	1		2	3	5						

9）电阻、电位器的标志法

（1）直标：对体积大的电阻、电位器，其阻值、功率等均标在电阻体上，一目了然。

（2）文字符号法：如 3R3K 为 3.3 $\Omega \pm 10\%$；4K7J 为 4.7 $k\Omega \pm 5\%$ 等。

（3）数字法（电位器）：第三位是倍乘数，如 $101 = 10 \times 10^1\ \Omega = 100\ \Omega$，$103 = 10 \times 10^3\ \Omega = 10\ k\Omega$ 等。

（4）色码法：普通电阻用四环色标，第一环、第二环为有效数，第三环为倍乘数，第四环为误差。金、银、本色都在第四环；若金或银色处于第三环，则金色表示 $\times 10^{-1}$，银色表示 $\times 10^{-2}$。各环颜色代表的意义如表 6.2.3 所示。

表 6.2.3　色环电阻各环的意义

棕	红	橙	黄	绿	蓝	紫	灰	白	黑	金	银	本色
1	2	3	4	5	6	7	8	9	0	$\pm 5\%$	$\pm 10\%$	$\pm 20\%$

如某电阻色环依次为：黄紫红金，黄（4）、紫（7）、红（10^2）、金（$\pm 5\%$），此电阻为 4.7 kΩ$\pm 5\%$。

又某电阻色环依次为：棕绿橙银，棕（1）、绿（5）、橙（10^3）、银（$\pm 10\%$），此电阻为 15 kΩ$\pm 10\%$。

此外，还有用五环色码的精密电阻，其前三环是有效数，第四环是倍乘数，第五环是误差，误差等级有：棕为$\pm 1\%$；红为$\pm 2\%$；绿为$\pm 0.5\%$；蓝为$\pm 0.2\%$；紫为$\pm 0.1\%$五个等级。

2. 电容的使用常识

1）固定电容的类型

（1）电解质电容有铝电解：1 μF～10000 μF，误差为$+100\%$～-20%，稳定性差、漏电大、价廉；钽电解，钛电解，铌电解：稳定、精确、漏电小、价高。

（2）有机介质电容有聚苯乙烯、聚四氯乙烯、涤纶、纸介电容等。

（3）无机介质电容有云母、瓷介、玻璃釉介质电容等。

2）可调电容的类型

可调电容的类型有单联、双联、多联三种，多以空气或薄膜作介质。

3）半可调（微调）电容的类型

半可调（微调）电容的类型有陶瓷介质、薄膜介质、空气介质、绕线电容等。

4）电容器的符号

电容器的符号如图 6.2.3 所示。

一般符号　　　电解电容　　　可变电容　　　微调电容

图 6.2.3　电容器的符号

5）电容器的单位

电容器的单位有 F、mF、μF、nF、pF，1 μF $=10^{-6}$ F，1 nF$=10^{-9}$ F，1 pF $=10^{-12}$ F。

6）电容器的标称值（与电阻相同）

7）电容器的耐压等级

电容器的耐压等级有 1.6 V、4 V、6.3 V、10 V、16 V、25 V、32 V、40 V、50 V、63 V、100 V、125 V、160 V、250 V、300 V、400 V、450 V、500 V、630 V、1000 V 等。

8）电容器的电容量标志方法

（1）直标法：体积大的电容器，如铝电解电容，其电容量和耐压均直接标在电容体上。

（2）文字符号法：用单位符号代替小数点，如 μ22＝0.22 μF，8n2＝8.2 nF，4p7＝4.7 pF。

（3）数字法：第一、二位为有效数；第三位是倍乘数，如 10^1、10^2…（但第三位是 9，则

倍乘为 10^{-1}），单位为 pF。如：$102=10\times10^2$ pF，$224=22\times10^4$ pF，$332=33\times10^2$ pF，$479=47\times10^{-1}$ pF。

（4）色标法（与电阻同）。

3. 电感的使用常识

1）电感的类型

（1）固定电感的类型有小型固定电感（色码电感）、空芯电感、扼流圈、贴片电感、印刷电感等。

（2）可调电感的类型有可变电感线圈、微调电感。

2）电感的符号

电感的符号如图 6.2.4 所示。

| 空芯电感 | 磁芯 | 铁芯 | 半可变 | 滑动可变 |

图 6.2.4　电感的符号

3）电感的单位

电感的单位有 H、mH、μH。其中 1 H＝10^3 mH，1 mH＝10^3 μH。

4）电感量的标志法

（1）直标法：用文字符号将电感量直接标注在电感体上。如：3m9ⅡA 为 3.9 mH±10%，最大工作电流为 50 mA。

电感的电流等级分：A 为 50 mA，B 为 150 mA，C 为 300 mA，D 为 700 mA，E 为 1600 mA。

（2）色标法：与电阻同，单位为 μH。如四环分别为：棕红红银，此电感为 12×10^2 μH ±10%。

• 小资料

1. 电阻、电位器的命名（GB 2470—81）

国标电阻型号由四个部分组成，即第一部分：主称，R 为电阻，W 为电位器。第二部分：材料，T 为碳膜，J 为金属膜，X 为线绕，H 为合成膜，S 为有机实心等。第三部分：分类，1 为普通，2 为普通，3 为超高频，4 为高阻，5 为高电阻，7 为精密等。第四部分：序列号，G 为高功率，T 为可调等。

在电子产品说明书和采购电子组件时，还要关心电阻的功率、阻值、误差等。如：RJ1-0.125-100 kΩⅠ中各项分别表示为

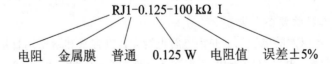

RJ1-0.125-100 kΩ Ⅰ

电阻　金属膜　普通　0.125 W　电阻值　误差±5%

2. 电容器的命名

电容器的命名由主称、材料、特征、序列号四部分组成。此外，电容量、耐压、误差等

也是技术文件中必不可少的。如：CJX－250－0.33 μF±10％中各项分别表示为

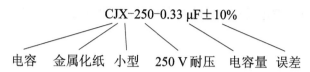

3. 电感的命名

电感的命名由主称、特征、型号、区别代号四部分组成。此外，在技术文件中还要标出电感量、误差、电流等级。如：LG1－B－560 mH±10％中各项分别表示为

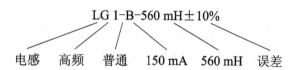

• 小技巧

在读色环电阻时，先看第三环，可以确定它的大致阻值范围，如第三环是橙色，则此电阻是几十 kΩ；若第三环是黄色，则此电阻就是几百 kΩ。

电阻色环中表示误差的金、银色都是末环，那么色环的头尾也就很好确定了。

• 算一算

在图 6.2.5 中：

（1）当电阻 $R_1 = R_2 = 10\ \Omega$ 时，此时电阻最少应选用多大功率的电阻？

（2）当电阻 $R_1 = R_2 = 100\ \Omega$ 时，此时电阻最少又应选用多大功率的电阻？

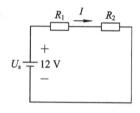

图 6.2.5　电阻的功率选择

• 自己做

1. 用万用表测电阻、电位器

不同阻值的电阻（色标为主）若干，读出其色环表示的阻值及误差，并用万用表检验之。在测试电阻前，先估计其阻值范围，选择量程，短接表笔使欧姆调零，分开表笔即可测试。指针在 2/3 刻度盘附近最准。

测电路中的电阻时必须断电测量，并考虑与其连接的其他组件的影响。

电位器（直标法可调、数字法半可调）若干，读出其阻值，并用万用表检验之。

2. 用万用表测电容

已充有电荷的电容器应先放完电后再测试。

电解电容、其他电容各若干，读出其电容量，并用万用表检验其好坏。

1 μF 以下的电容器，用 $R \times 10\text{k}$ 挡，若测得电阻为∞，则此电容是好的；若阻值不为∞或为 0，则此电容器已坏。

1 μF 以上的电容器，用 $R \times 10\text{k}$ 挡，只能凭经验根据表针初摆幅估计其电容量；表针基本稳定后所指为漏电电阻值。

3. 用万用表测电感

万用表只能判断电感的通断。色标电感若干，读出其电感量，并用万用表的电阻挡测出电感的好坏。

• 想一想，跟我做

在电子电路中，常有电容和电阻串联的情况。请将一个 100 μF 的电容器和一个 1 kΩ 的电阻串联，如图 6.2.6 所示，它是模拟放大电路中输入信号经过"耦合"电容再加入三极管输入 b、e 端的情况。

请用信号发生器输入一个 u_i 有效值为 100 mV、频率为 1000 Hz 的低频信号。再用交流毫伏表分别测出电容器两端和电阻两端的压降，结果如何？为什么此处电容器叫"耦合"电容？

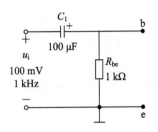

图 6.2.6　RC 耦合电路

• 自己写

表 6.2.4 给出几个色环电阻、数标半可调电位器、数标电容器的标记，请填出它们各自的标称值及电阻的误差。

表 6.2.4　电子组件标称值识别表

类 别	色环电阻			数标半可调电位器			数标电容器			
标 记	棕黑红金	橙白黄银	棕黑绿金	103	504	205	56	104	332	μ22
标称值										
实测值										

注：测电容可用数字万用表电容挡去测其电容量。

• 考考你

（1）有时会遇到只有三环的电阻，它说明什么？

（2）相同阻值的电阻有的体积大，有的体积小，为什么？

（3）用指针式万用表的 $R\times10$k 挡，测 1 μF 以上的电容器时，其初始充电电阻越小（即表针首先向右摆幅越大），说明电容器的容量越大，为什么？

6.3　实训项目——电子电路装接工艺

完成一个电子电路的设计后，要对此电子电路进行装接。所谓装接，有两层含义：对电路本身而言，有焊接、插接等；对机箱、框架、底板而言，有铆接、螺接、粘接等。

装接的基本原则是：上道工序不影响下道工序操作，元器件在板上安放的顺序是先轻后重、先里后外、先低后高、先铆后装。

• 做什么？

本次要做的实训项目，主要是学习有关电子电路焊接的基本知识，练习手工焊接电子电路,掌握焊接方法,特别要注重焊点的质量。

本实训项目新的知识增长点主要是练习手工焊接电子电路。

• 跟我看

1. 电子电路的装接

1) 在面包板上插接电子电路

插接常用的底板为面包板。面包板的大小有多种规格,可根据电路的大小去选用,还可将几块面包板拼装起来使用。图 6.3.1 是已插有电子电路的某规格的面包板,其基本结构是:上、下两边是横排插孔,左右各三排是连通的,中间四排也是连通的。中间的竖排,每竖排 5 个孔是连通的,但左右不通。

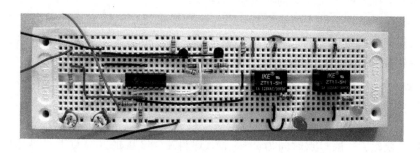

图 6.3.1　插有电子电路的面包板

在插接电子元器件时,集成器件要跨接在上、下两竖排上,否则会形成管脚之间短路;对公共接点如电源正极线,可利用上边横排的插孔,地线可利用下边横排的插孔,这样安排比较方便接线。电子元器件的顺序要按电子电路的信号走向去安排,插线要讲究"横平竖直"。

2) 在万能板上焊接电子电路

图 6.3.2 所示是某规格的万能板。这种万能板的每一个焊盘都是独立的,焊接电子电路时,先将电子元器件按电路图逐一插入各焊盘中,再用电烙铁将有关的焊点用焊锡将它们连接起来。

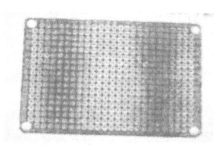

图 6.3.2　万能板

(1) 排件:焊接前,要将电子元器件按信号走向在万能板上排件(在制印刷电路板时,元器件位置亦应按信号走向去制作),焊接元器件的顺序仍按前述装接原则去进行。焊接的基本工具和材料是电烙铁和焊锡丝。

（2）引线焊头的处理：现在的电子元器件的外引线一般都镀有锡，可直接焊接。而连接用的导线和未镀锡或已氧化的电子元器件的引线，要先用细砂布先打磨几下去掉氧化层，涂上焊剂，挂上锡后才能再去焊接。

（3）焊接操作：在焊接前，要将烙铁头的氧化层清除，并镀上锡。否则烙铁将挂不上锡。焊接操作方法，可按如下步骤进行。

第一步：左手拿焊丝，右手拿烙铁，将烙铁头斜面与被焊件的焊接面靠紧接触，加热焊接面。

第二步：待被焊面加热至一定温度时（约加热2～3秒），将焊丝送入与烙铁头加热点的相对面，利用已加热工件的温度将焊丝熔化完成焊接，使焊丝、引线、焊盘三者熔为一体。

第三步：待焊丝、引线、焊盘三者熔为一体时，稍旋转一下烙铁头迅速以45度的角度将电烙铁撤离。在焊锡未凝固之前不要移动焊件。

注意：不要用烙铁头蘸上锡去焊接，因为这样焊接时在未接触焊件前烙铁头约300度的温度会将锡丝中的焊剂先挥发掉，难于焊接；也不要将锡丝送入接触面的烙铁头，这样容易造成焊锡在烙铁头堆积而工件的另一面却缺锡。

对于焊点小、焊面又有助焊剂的焊件可采用电烙铁蘸锡的办法去迅速焊接。为防止过高热量传入焊件芯片，可用镊子夹住焊件根部帮助焊件散热，不至因热量传入芯片而烧坏焊件。

（4）焊点质量：一般焊点时间为2～3秒，焊料在183度的共晶点上可迅速凝固。温度过高或过低，焊锡凝固都不好。焊点要饱满、光泽、无毛刺、无裂纹、无虚焊，引线（组件）、焊锡、焊盘（孔）三者要熔为一体。

虚焊的主要原因有：烙铁温度低；烙铁头已氧化未镀锡；组件引线或电路板表面不清洁；焊锡（丝）质量不好；操作不当等都会造成虚焊。

3）在印刷电路板上焊接电子电路

在印刷电路板（PCB板）上焊接电子电路，与在万能板上焊接电子电路没有什么本质差别，只是要注意，印刷电路板上电子元器件的位置是确定的，必须对号入座。一般电子元器件并不需要直接接触印刷电路板，而是离印刷电路板有2～3张纸的厚度，以利于散热，其机械强度受印刷电路板热胀的影响也小些。

2. 机箱、框架的装接

1）铆接

铆接是对机箱、底板、框架进行一种不可折卸的机械装接。铆接用的铆钉有空心铆钉、平头铆钉、半圆头铆钉等，材料有铜材、钢材、铝材等，选材要根据被接件的受力情况而定。铆接时要防止歪、斜、裂、松动等情况。

2）螺接

对变压器、扬声器等部件，一般采用螺接。螺接时要注意如下几点：

（1）固定两个以上螺钉时，要由一个到另一个地反复进行，不要先拧好一个再拧另一个；固定四个以上螺钉时，要沿着对角线一步一步地拧紧。

（2）易碎的胶材件、塑料件、瓷件等要加软垫。

（3）对功放管等散热器的装接，要先清洁接触面，有的要涂硅油，所垫云母片的厚薄要均匀，接触要紧密。

（4）需屏蔽电磁干扰的，要加屏蔽罩、屏蔽线、隔离板等。

（5）手柄、旋钮、开关等要加垫圈，波段开关要有停止挡，起始位置要对好。

3）粘接

对刻度盘、铭牌等可以采用粘接，粘接前要将粘接面用酒精或汽油清洁，88 号胶、502 胶、环氧树脂胶等均可使用。涂胶要均匀，对接后应加压、晾干。

• 小资料

1. 电烙铁

电烙铁按加热方式分内热式、外热式和速热式。外热式电烙铁加热慢、热效率低、体积大，适合焊接大件，如大电缆头、散热件等；速热式电烙铁拿起来焊接时很快会将锡熔化，放下后自动断电，因此它省电，但不能连续通电使用；内热式电烙铁最常用，它体积小、热效率高，但烙铁头易氧化，烙铁芯易断，不能摔打敲击。

电烙铁的功率有 20 W、25 W、30 W、35 W 等几种，一般焊接电子电路的选用 25 W 的为宜。烙铁头的形状可根据所焊接元器件的情况将烙铁头锉成各种形状。

新烙铁一定要先浸上松香水（焊剂），再加热并镀上锡。使用一段时间后烙铁头会氧化，此时应用细砂布打磨掉氧化层，表面严重凹凸不平的还应用锉刀锉平，再浸上松香水，加热后将烙铁头重新镀上锡。在焊接时遇到烙铁头被氧化不吃锡时，可将烙铁头在细砂布或湿石棉垫上来回磨几下，再镀上锡即可使用。

2. 焊剂、焊料

常用的焊剂是松香，焊料是锡（63％的锡，37％的铅）。一般使用的是松香芯焊锡丝，芯中的焊剂配料由松香与酒精 3：1 配制而成。松香芯焊锡丝的粗细有多种规格，焊大焊点时宜用较粗的焊锡丝，焊小焊点时宜用较细的焊锡丝。

对于在大金属板上的焊接，如焊接地线，有时需用大功率的电烙铁并借助焊锡膏的脱氧化作用，才能较顺利地焊上。

• 小技巧

在面包板上插接电子电路时，对于已使用多次的面包板，其某些插孔被扩大，弹性较差，容易造成接触不良。对于此种插孔，可以采取在孔中塞入一根很短的裸金属，好似"打桩"，使此点接触良好。

• 算一算

如果自己腐蚀印刷电路板的话，有些数据是要注意的。

（1）线宽：印刷电路板的线宽取值与覆铜板的厚度、散热条件等有关。对功率较大的模拟电路而言，如果电流密度以 20 A/mm^2 计算，大多数覆铜板厚为 0.05 mm，若线宽取 1 mm～2.54 mm，此时每 1 mm 线宽通过的电流约 1 A，满足电流密度的要求。

对小功率的数字电路，线宽取 0.254 mm～1.27 mm 亦能满足要求。电源线、地线的线宽要适当加宽。

（2）线间距：线间距主要考虑电压较高时的绝缘电阻与线间耐压，防止发生漏电击穿。

线间距为 1.5 mm 时，线间绝缘电阻大于 20 MΩ，线间耐压可达 300 V；线间距为 1 mm 时，线间耐压可达 200 V，所以线间距取 1.0 mm～1.5 mm，可满足中低压(线间电压小于 200 V)电路板的要求。数字电路电压很低，不必考虑击穿电压问题，线间距可尽可能得小。

（3）焊盘：对 1/8 W 电阻，引线孔取 0.6 mm～0.7 mm 即可。

• 自己做

（1）在万能板上焊接至少 20 个组件共计 40 个焊点，以练习焊接基本功。注意每个焊点的焊接质量。

（2）结合实际电路图，如集成功放应用电路、集成运放应用电路、基本放大电路、直流稳压电源等，选中一个在万能板上将其焊接。焊接时注意元器件在万能板上的排列位置要合适。

• 想一想，跟我做

（1）在焊接过程中，有时烙铁头总是蘸不上焊锡，是什么原因？此种情况是烙铁头已氧化。将烙铁头用砂纸擦一下，或在湿布上反复磨一磨，再将烙铁头迅速在松香里蘸一下，就可将锡镀在烙铁头了。

（2）在焊接时，有时会因为万能板(或印刷电路板)和被焊的电子元器件都会活动而焊接不到位，此时可用普通的"夹子"将万能板夹住使之固定，再去焊接元器件就比较方便了。

• 自己写

（1）画出要焊接的电子电路图。
（2）写出焊接训练中的体会。

• 考考你

（1）你知道成批的印刷电路板的自动焊接是如何进行的吗？
（2）你知道当成批的印刷电路板焊接后，检查发现有某几个焊点焊接质量不良是如何补救的吗？

6.4　实训项目——戴维南定理与叠加定理

在有多个电源作用的复杂电路中，要直接求出某一支路的电流值往往是比较困难的。此时，采用戴维南定理或叠加定理，可以方便地求出任一支路的电流值。本实训项目就是用测试和计算相结合的方法，来体验戴维南定理和叠加定理的应用。

• 做什么？

本次要做两个实训项目：一个是戴维南定理，一个是叠加定理。先对这两个实训电路进行分析、测试、记录，然后对照测试结果得出这两个基本定理的正确性。

本实训项目新的知识增长点主要是如何应用戴维南定理和叠加定理。

・跟我看

1. 戴维南定理

任何一个含源线性二端网络都可以等效成一个电压源，其电动势等于网络的开路电压，内阻等于从网络两端看进去除源网络的电阻，如图 6.4.1 所示。

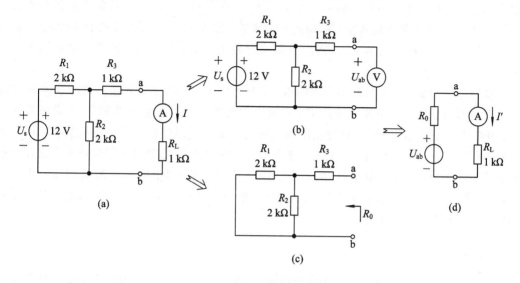

图 6.4.1　戴维南定理电路图

将图 6.4.1(a) 中的 a、b 两点断开，测出其开路电压 U_{ab}，如图 6.4.1(b) 所示；将 U_s 除源，如图 6.4.1(c) 所示，测量其等效内阻 R_0；将 U_{ab} 与 R_0 组成如图 6.4.1(d) 所示电路，就可以方便地算出 I' 电流了，此 I' 电流与图 6.4.1(a) 中实测的电流 I 应相等，这就是戴维南定理的基本内容。

2. 叠加定理

在几个电源共同作用的线性电路中，各支路电流等于各个电源单独作用时所产生电流的代数和，如图 6.4.2 所示。图 6.4.2 中设定电流参考方向后，应有 $I_1 = I_1' - I_1''$，$I_2 = I_2' + I_2''$，$I_3 = -I_3' + I_3''$，这就是叠加定理的基本内容。

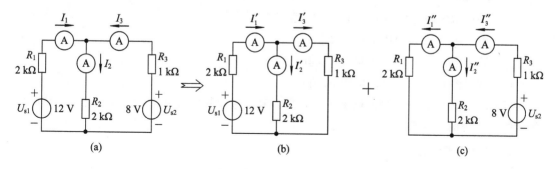

图 6.4.2　叠加定理电路图

· 小资料

在电路理论中，欧姆定律是最常用、最重要的理论。戴维南定理和叠加定理分别是计算复杂电路的一种方法，在这种方法中也要用到欧姆定律。

欧姆定律是由德国物理学家欧姆于 1827 年发表的。欧姆的父亲是位爱动手的锁匠，欧姆从小也很喜欢动手做各种实验。欧姆用 1799 年意大利物理学家伏特发明的伏特电池和 1821 年德国物理学家施威格发明的检流计做实验，发表了《伽伐尼电池的数学论述》，总结出了欧姆定律。在欧姆定律发现之前，还没有电阻的概念，后来电阻的单位就以欧姆来命名了。

欧姆定律发表后，曾遭到不少人的指责，如德国一位物理学家攻击欧姆的著作说："以虔诚眼光看待世界的人不要去读这本书，因为它纯然是不可置信的欺骗"。在责难和诽谤中，有些人都不敢和他来往，他写信给国王路德维希一世陈述他的发现的重要性，国王把信转给科学院，仍未引起重视。他不得不辞去科隆大学数学物理系主任的职务，他在给朋友的信中诉苦说："《伽伐尼电路》的诞生已经给我带来了巨大的痛苦，我真抱怨它生不逢时，因为深居朝廷的人学识浅薄"。倒是英国伦敦皇家学会于 1841 年授予欧姆当时科学界的最高荣誉科普利金质奖章。

· 小技巧

在测量叠加定理电路中的三个电流值时，先将三个电流表处用导线代替，要测某个电流时，将此处的导线拔去后用电流表接上即可，这样处理后测量起来会很方便。

· 算一算

在图 6.4.1(a)戴维南定理电路中，电流 I 值为

$$I = \frac{U_s}{R_1 + (R_3 + R_L) /\!/ R_2} \cdot \frac{R_2}{R_2 + R_3 + R_L} = \frac{12 \text{ V}}{6 \text{ k}\Omega} = 2 \text{ mA}$$

· 自己做

1. 戴维南定理测试

(1) 完成戴维南定理图 6.4.1(a)的电路连接；

(2) 测出图 6.4.1(a)中的电流 I 值；

(3) 测出图 6.4.1(b)中的电压 U_{ab} 值；

(4) 测出图 6.4.1(c)中的电阻 R_0 值；

(5) 求出图 6.4.1(d)中的电流 I' 值，将 I' 值与直接测出的电流 I 值进行比较。从而理解戴维南定理的正确性。

2. 叠加定理测试

(1) 完成叠加定理图 6.4.2(a)的电路连接，分别测出其电流 I_1、I_2、I_3 值；

(2) 分别测出图 6.4.2(b)中的电流 I_1'、I_2'、I_3' 值；

(3) 分别测出图 6.4.2(c)中的电流 I_1''、I_2''、I_3'' 值；

（4）计算电流 $I'_1 - I''_1$、$I'_2 + I''_2$、$-I'_3 + I''_3$ 的值，将所得数据与电流 I_1、I_2、I_3 值进行比较，从而理解叠加定理的正确性。

• 想一想，跟我做

（1）在测试戴维南定理图 6.4.1(a)时，电流 I 为零是何原因？此时要检查电源电压 U_s 是否接好，再检查电路连接情况。

（2）在测试叠加定理图 6.4.2(a)、(b)、(c)时，如电流表指针反偏那肯定是电流表方向接反了，改正电流表接入方向即可。

• 自己写

（1）完成表 6.4.1 戴维南定理的测试记录。

（2）完成表 6.4.2 叠加定理的测试记录。

（3）写出实训报告。

表 6.4.1　戴维南定理的测试记录

原电路计算与实测值		戴维南定理实测与计算值		
计算 电流 I 值	实测 电流 I 值	实测 开路电压 U_{ab}	实测 等效内阻 R_0	计算 电流 I'

表 6.4.2　叠加定理的测试记录

图 6.4.2(a)实测值			图 6.4.2(b)实测值			图 6.4.2(c)实测值			图 6.4.2(b)与图 6.4.2(c)叠加值		
I_1	I_2	I_3	I'_1	I'_2	I'_3	I''_1	I''_2	I''_3	$I'_1 - I''_1$	$I'_2 + I''_2$	$-I'_3 + I''_3$

• 考考你

（1）简要说明产生测量误差的主要原因。

（2）如果含源二端线性网络中含有电流源，在求其端口的除源电阻时，应如何将其"除源"？

（3）叠加原理是否适合非线性网络？

6.5　实训项目——分流、分压与万用表设计

模拟万用表(指针式万用表)是一种应用非常普遍的仪表。万用表的型号很多，但它们都共享一个高灵敏度的表头，配以分流器电阻组成电流表；配以倍压器电阻组成电压表；配以中心阻值电阻组成欧姆表；配以整流组件使之能测交流电压等，这就是万用表的基本结构与设计思路。

　　万用表内部电路有单用式和共享式之分。

　　单用式电路简单、明了，但切换接触不良时易烧表头。本实训项目中直流电流挡、直流电压挡将采用单用式；共享式电路复杂、相互影响，但相对安全，产品的万用表都采用共享式，本次欧姆挡将采用共享式。

· 做什么?

　　本次要做的实训项目是：用一个 50 μA、3.35 kΩ 的表头，组成一个有直流电流挡 50 μA、5 mA；直流电压挡 2.5 V、10 V；欧姆挡 $R \times 1$、$R \times 10$ 的万用表，完成分流器电阻、倍压器电阻、中心阻值电阻的选配和电路搭接。重点要理解分流、分压及欧姆定理的应用。

　　本实训项目新的知识增长点主要是理解万用表的基本原理。

· 跟我看

　　表头的基本结构与工作原理是：电流通过游丝流入线框，线框置于恒定磁场当中，线框上又固定有指针。当电流流过线框时使线框产生磁场，此磁场与恒定磁场相互作用，给线框一个力，使线框带动指针偏转一个角度；流入线框的电流越大，线框磁场越强，此磁场与恒定磁场相互作用力越大，指针偏转角就越大，这就是表头内指针会随电流大小而偏转的原理。

1. 直流电流挡

　　直流电流挡实训电路如图 6.5.1 所示。图 6.5.1 中 5 V 直流稳压电源配接 $R_2 = 100$ kΩ 和 $R_3 = 1$ kΩ 电阻分别获得 50 μA 和 5 mA 的电流源。因表头只能通过 50 μA 的电流，被测电流中多余的电流要从分流器中分走，这就要应用并联电阻分流的原理。

　　(1) 50 μA 挡：全部电流可以通过表头，分流器电阻为 ∞（无需分流）。

　　(2) 5 mA 挡：表头通过 50 μA 电流，其余 4.95 mA 电流用 33 Ω 分流器电阻分流。

2. 直流电压挡

　　直流电压挡实训电路如图 6.5.2 所示。因表头只能承受 50 μA $\times$ 3.35 kΩ = 0.1675 V 的电压，被测电压中多余的电压要由倍压器电阻承担，这就要应用串联电阻分压的原理。

　　(1) 2.5 V 挡：表头只能承受 0.1675 V 的电压，其余 2.3325 V 电压用 47 kΩ 倍压器电阻降压。

　　(2) 10 V 挡：表头只能承受 0.1675 V 的电压，其余 9.8325 V 电压用 200 kΩ 倍压器电阻降压。

3. 欧姆挡

　　欧姆挡实训电路如图 6.5.3 所示。

　　(1) $R \times 1$ 挡：设定中心阻值为 30 Ω。用 $R_P = 50$ Ω，若预调在中间位置，即 25 Ω 处，则与其串联的电阻 $R_6 = 5.2$ Ω，暂用 5.1 Ω 代替。

　　(2) $R \times 10$ 挡：因 $R \times 1$ 挡中心阻值已设定为 30 Ω，则 $R \times 10$ 挡的中心阻值就为 300 Ω。则 R_7 应为 275 Ω，暂用 $R_7 = 270$ Ω 代替。

　　实际的万用表设计中，上述电阻都要用精密电阻，有的小阻值电阻都是各厂家自行绕制。

• 小资料

(1) 万用表用的表头多用满偏电流几十微安、内阻约 2 kΩ～3 kΩ 的表头,其电压灵敏度为

$$电压灵敏度＝电压挡内阻/电压挡量程＝Ω/V 或 kΩ/V$$

如 MF500 型万用表的表头为 20 000 Ω/V,即它的满偏电流为 $I_G＝1 \text{ V}/20\ 000 \text{ Ω}＝50 \text{ μA}$。

(2) 欧姆表的一个最重要概念就是"中心阻值"。在欧姆挡将两表笔短接,此时表针应指满偏(即零欧姆);再放开表笔,此时两表笔之间的等值电阻就叫中心阻值。因为若此时在两表笔之间外接一个这样的电阻,表针指示必然下降一半,即指到中间刻度。

• 小技巧

在测直流电流和直流电压时,若分流器电阻或倍压器电阻接触不好会烧坏表头。因此应先用单股导线将表头的两个接线柱引出接入电路,再去接分流器电阻或倍压器电阻,并用实验室的万用表去检验并确认接线是否可靠,否则不能匆忙去接电源测试。

• 算一算

1. 直流电流挡分流器电阻

(1) 50 μA 挡:分流器电阻为 ∞(无需分流),全部电流可以通过表头。

(2) 5 mA 挡:分流器电阻 $R_1＝50 \text{ μA}×3.35 \text{ kΩ}/(5 \text{ mA}－50 \text{ μA})＝33 \text{ Ω}$。

2. 直流电压挡倍压器电阻

(1) 2.5 V 挡:倍压器电阻 $R_4＝(2.5 \text{ V}－0.1675 \text{ V})/50 \text{ μA}＝46.65 \text{ kΩ}$,暂用 47 kΩ 代替。

(2) 10 V 挡:倍压器电阻 $R_5＝(10 \text{ V}－0.1675 \text{ V})/50 \text{ μA}＝196.65 \text{ kΩ}$,暂用 200 kΩ 代替。

3. 欧姆挡中心阻值

(1) $R×1$ 挡:设定中心阻值为 30 Ω。设 R_P 预调在中间位置,即 25 Ω 处,则 $R_6＝30 \text{ Ω}－\dfrac{(3350 \text{ Ω}＋25 \text{ Ω})×25 \text{ Ω}}{(3350 \text{ Ω}＋25 \text{ Ω})＋25 \text{ Ω}}＝5.2 \text{ Ω}$,暂用 5.1 Ω 代替,使用中会有误差。

(2) $R×10$ 挡:因已设定 $R×1$ 挡中心阻值为 30 Ω,那么 $R×10$ 挡中心阻值就为 300 Ω,则 $R_7＝300 \text{ Ω}－\dfrac{(3350 \text{ Ω}＋25 \text{ Ω})×25 \text{ Ω}}{(3350 \text{ Ω}＋25 \text{ Ω})＋25 \text{ Ω}}＝275 \text{ Ω}$,暂用 270 Ω 代替。

• 自己做

1. 直流电流挡

(1) 按图 6.5.1 连接直流电流挡实训电路。

(2) 将图 6.5.1 打到 50 μA 电流挡,观察电流表指针实际指向何处(此时表针应指满

刻度，满刻度值应刻 50 μA)。

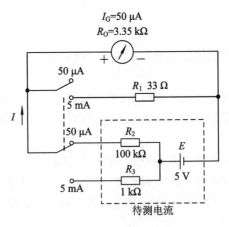

图 6.5.1　直流电流挡图

(3) 将图 6.5.1 打到 5 mA 电流挡，观察电流表指针实际指向何处(此时表针应指满刻度，而此时的满刻度值应刻 5 mA，实际指示有误差是因为分流器电阻值不准)。

2. 直流电压挡

(1) 按图 6.5.2 连接直流电压挡实训电路。

(2) 将图 6.5.2 打到 2.5 V 电压挡，测 2.5 V 已知电压，观察电流表指针实际指向何处(此时表针应指满刻度，满刻度值应刻 2.5 V)。

(3) 将图 6.5.2 打到 10 V 电压挡，测 10 V 已知电压，观察电流表指针实际指向何处(此时表针应指满刻度，而此时的满刻度值应刻 10 V)。

3. 欧姆挡

(1) 按图 6.5.3 连接实训电路。注意：欧姆表应以中心阻值为参考点，按对数规律刻度。

(2) 将图 6.5.3 打到 $R \times 1$ 挡，短路表笔调零后，测 10 Ω、30 Ω、100 Ω 等几个电阻，观察电流表指针实际指向何处。

(3) 将图 6.5.3 打到 $R \times 10$ 挡，短路表笔调零后，测 200 Ω、300 Ω、1 kΩ 等几个电阻，观察电流表指针实际指向何处。

(本实验室现有的 50 μA 表头其内阻实测在 3.32 kΩ~3.43 kΩ 之间，前述按 3.35 kΩ 计算的 $R \times 1$ 挡的中心阻值，用在另一些表头中可能误差较大；在 $R \times 10$ 挡则误差不大。)

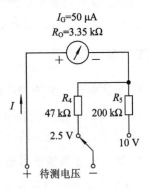

图 6.5.2　直流电压挡图

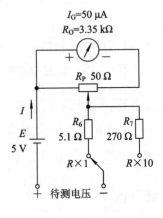

图 6.5.3　欧姆挡图

• 想一想，跟我做

（1）在测 50 μA 时表针应打到满刻度，但它未打到
满刻度，怎么办？这是由于 50 μA 电流源不准，它不是 50 μA，此时可微调 5 V 电源使表针打到满刻度。测 5 mA 时同样如此处理。

（2）欧姆表只校准中心阻值，其他刻度不校，只按对数规律去刻度值即可。

• 自己写

（1）将按图 6.5.1 直流电流挡测试的结果填于表 6.5.1 中。

（2）将按图 6.5.2 直流电压挡测试的结果填于表 6.5.2 中。

表 6.5.1　直流电流挡测试记录

被测电源电流	分流器电阻	表头指示数
50 μA	∞	
5 mA	33 Ω	

表 6.5.2　直流电压挡测试记录

被测电源电压	倍压器电阻	表头指示数
2.5 V	47 kΩ	
10 V	200 kΩ	

（3）将按图 6.5.3 欧姆挡测试的结果填于表 6.5.3 中。

（4）写出实训报告。

表 6.5.3　欧姆挡测试记录

挡位	$R\times1$			$R\times10$		
电阻标称值	10 Ω	30 Ω	100 Ω	200 Ω	300 Ω	1 kΩ
实测值（表针偏转角）						

• 考考你

（1）实测时与已知值会有误差，造成误差的原因有哪些？

（2）如何测交流电压？

（3）测电阻要欧姆调零，调零动作为什么要快？请计算在 $R\times1$ 挡调零时的电流值。

6.6　实训项目——日光灯的装接与测试

白炽灯因其发光效率低、寿命短，在许多国家已明令禁止使用，被彻底淘汰。我国目前主要的照明是日光灯（即荧光灯），因此，对于工科大学生而言，会装接、会测试、会补偿日光灯，是学习电工技术的最基本要求。本实训项目就是为此而设立的。

照明技术的下一个目标将是 LED 等半导体照明技术的普遍应用。在这个领域中，我国的交通信号灯已全部采用 LED 作为光源，在其他场合，如汽车灯具等，用 LED 作为光源亦大量应用。

· 做什么？

本次要做的实训项目是学习日光灯的装接、测试，根据测试所得数据进行有功功率、视在功率、功率因数的计算，并尝试对日光灯电路进行功率补偿。

本实训项目新的知识增长点主要是日光灯的装接、测试与补偿。

· 跟我看

实训电路如图 6.6.1 所示，图 6.6.2 是其等效电路。图 6.6.1 中电容器 C 用于功率补偿，$10\ \Omega/2\ W$ 的电阻 R 用于间接测量干路电流，D 点至镇流器的连线是专为方便测量镇流器两端电压而设立的。

在图 6.6.1 中，断开 S，在 AB 两端通入单相交流电，启辉器（氖管）两极间因辉光放电而发热，使弯曲的极板伸展，导致两电极相碰连通，使电源 U、电阻 R、镇流器 L（相当于电感）、灯管两端灯丝和启辉器构成通路，电路中有电流通过，可观察到灯管两端和启辉器顶部发暗红色光。

启辉器两电极连通后辉光放电停止，不再发热，并逐渐冷却，使得伸展的电极复位，将电路突然断开，在镇流器中感应出数倍于电源电压的感应电势，此电势与电源电压串联后加在灯丝两端，使灯管内水银蒸气击穿导通，灯管被启动点亮，这时镇流器起分压、限流（镇流）作用。

接通 S，并入合适的电容 C（并入 $4\ \mu F/400\ V$ 电容器），可提高电路的功率因数。

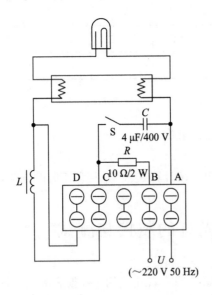

图 6.6.1　日光灯实训电路

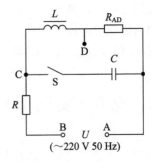

图 6.6.2　日光灯等效电路

· 小资料

普通白炽灯与典型直管荧光灯性能比较如表 6.6.1 所示。

表 6.6.1　普通白炽灯与典型直管荧光灯性能比较表

项目	型号	工作电压/V	功率/W	光通量/lm	平均寿命/小时	功率因数 $\cos\varphi$
普通 白炽灯	PZ220-15	220	15	110	1000	1
	PZ220-25		25	220		
	PZ220-40		40	350		
	PZ220-60		60	630		
	PZ220-100		100	1250		
典型直 管荧光灯	YZ8RN	60	8	285	1500	0.3~0.7
	YZ15RN	51	15	510	3000	
	YZ20RN	57	20	880		
	YZ30RN	81	30	1460	5000	
	YZ840RN	103	40	2285		

注：荧光灯工作电压是其工作时灯管两端的电压，但荧光灯电路仍然是用～220 V 电源。

• 小技巧

在测量电路中的几个电压值时，因为都是交流电压，无正负极性之分，所以在测量时万用表选取适当量程后，将一个表笔固定一点不动，用另一个表笔分别去接要测的另一点，即可测取此两点间的电压值，这样操作起来非常方便、迅速。

• 算一算

在图 6.6.1 电路中，相关参数计算如下：

(1) 电源电流 $I_R = U_R/R = U_{BC}/R$。

(2) 视在功率 $S = I_R \times U_{AC}$。

(3) 有功功率 $P = I \times U_{AD}$。

(4) 功率因数为 $\cos\varphi = \dfrac{P}{S}$。

注意：补偿后的电流 I_R 会大大下降，此时视在功率也会大大下降；但补偿后灯管亮度不变，即灯管消耗的有功功率仍是补偿前的有功功率，所以补偿后功率因数应大大提高。

• 自己做

(1) 按图 6.6.1 连接日光灯实训电路（先断开 S，切除电容 C）。

(2) 实训电路检查无误后接通电源，启辉器应启动，灯管应亮。

(3) 待灯管启动后，分别测量电源电压 U_{AC}、灯管电压 U_{AD}、镇流器电压 U_{CD}、电流取样电压 U_{BC}。

(4) 接通开关 S，接入补偿电容，重测电流取样电阻上的电压 U_{BC}，用于确定补偿后的电流数据。

• 想一想，跟我做

（1）实训电路接好通电后发现灯不亮，启辉器也不启辉是什么原因？

此时应先用万用表测一下 U_{AC}、U_{AB} 是否加有电源电压，无电压则要检查接线情况及电源线是否断线；有电压则要更换启辉器，或是灯管灯丝断。

（2）补偿电容的电容量与日光灯功率大小及镇流器型号有关，要获得最佳补偿效果，可用电容量不同的电容器试试看。

• 自己写

（1）将测量数据填于表 6.6.2 中。

表 6.6.2　日光灯电路测试记录

项目	实测值				计算值			
	电源电压 U_{AC}/V	灯管电压 U_{AD}/V	镇流器电压 U_{CD}/V	取样电阻电压 U_{BC}/V	电源电流 I_R/A	视在功率 S/VA	有功功率 P/W	功率因数 $\cos\varphi$
补偿前（S 断开）								
补偿后（S 接通）								

（2）根据测试数据，计算出流过电流取样电阻 R 上的干路电流 I_R、视在功率 S、有功功率 P、功率因数 $\cos\varphi$ 的值，将其填于表 6.6.2 中。

（3）写出实训报告。

• 考考你

（1）为什么 $U_{AC} \neq U_{AD} + U_{CD}$？

（2）如果并联电容的容量太大或太小，补偿效果如何？

6.7　实训项目——RC 微分、积分与耦合电路

RC 耦合电路、RC 微分电路、RC 积分电路都是 RC 串联电路。它们的电路形式虽然相同，但它们的电路参数不同，因参数差异而由"量变到质变"形成性质截然不同的电路。RC 耦合电路广泛应用于"通交流隔直流"的放大电路中，用来传输交流信号；RC 微分电路可将方波变为正、负尖峰波，在数字电路中的波形变换应用较多；RC 积分电路可将信号的变化量"积累"起来，它在模拟信号计算中有所应用。

• 做什么？

本次要做的实训项目是分别对 RC 耦合电路、RC 微分电路、RC 积分电路进行测试，从波形测试中理解 RC 耦合电路、RC 微分电路、RC 积分电路各自的特点和用途。

本实训项目新的知识增长点主要是 RC 电路因参数不同其性质可能截然不同。

• 跟我看

实训电路如图 6.7.1 所示，对于方波信号频率 $f=5\ kHz$、脉冲宽度 $t_p=100\ \mu s$ 的信号而言，其中 R_1、C_1 构成 RC 耦合电路；R_2、C_2 构成 RC 微分电路；R_3、C_3 构成 RC 积分电路。

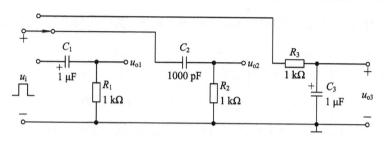

图 6.7.1　RC 串联电路

• 小资料

在 RC 充电电路中，设充电电源为直流电压 U_s，充电时间为 t。随着充电时间的推移，电容器上的充电电压不断上升，其表达式为

$$u_C(t) = U_s - U_s e^{-\frac{1}{RC}t}$$

当 $t=1RC$ 时，电容电压可充到 $36.8\%U_s$；当 $t=3RC$ 时，电容电压可充到 $95\%U_s$；当 $t=5RC$ 时，电容电压可充到 $99.4\%U_s$，此时充电基本结束。理论上当 $t=\infty$ 时，充电结束，此时 $u_C=U_s$。

• 小技巧

在测试时，先将信号源调好，用示波器 CH1 监测输入信号 u_i，并将信号源的地线、示波器 CH1 的地线、示波器 CH2（监测 u_o）的地线接好，以后只需切换 u_i 和 CH2 的接入点，就可很方便地分别将波形 u_i、u_{o1}、u_{o2}、u_{o3} 显示并测试出来。

• 算一算

1. RC 耦合电路

（1）RC 耦合电路条件是 $R \gg X_C$，从电阻上输出，电路有 $u_o \approx u_i$。

（2）电路参数选择。R、C 参数选为 $R=1\ k\Omega$，$C=1\ \mu F$。

（3）验算：$f=5\ kHz$，$C=1\ \mu F$，则容抗为

$$X_C = \frac{1}{\omega C} = \frac{1}{2 \times 3.14 \times 5 \times 10^3 \times 1 \times 10^{-6}} = 31.8\ \Omega$$

$R=1\ k\Omega$，满足 $R \gg X_C$ 的要求。

2. RC 微分电路

（1）RC 微分电路的条件是 $RC \ll t_p$，从电阻上输出，其输出结果为 $u_o = RC\ du_i/dt$。

（2）电路参数选择。R、C 参数选为 $R=1\ k\Omega$，$C=1000\ pF$。

(3) 验算：$f=5$ kHz，则方波脉宽为

$$t_P = \frac{T}{2} = \frac{1}{2f} = \frac{1}{2 \times 5 \times 10^3} = 0.0001 \text{ s} = 100 \text{ } \mu s$$

$RC = 1 \times 10^3 \times 1000 \times 10^{-12} = 1 \times 10^{-6}$ s $= 1$ μs，满足 $RC \ll t_P$ 的要求。

3. RC 积分电路

(1) RC 积分电路的条件是 $RC \gg t_P$，从电容上输出，其输出结果为 $u_o = \frac{1}{RC} \int u_i \, dt$。

(2) 电路参数选择。R、C 参数选为 $R=1$ kΩ，$C=1$ μF。

(3) 验算：$f=5$ kHz，则方波脉宽为

$$t_P = \frac{T}{2} = \frac{1}{2f} = \frac{1}{2 \times 5 \times 10^3} = 0.0001 \text{ s} = 100 \text{ } \mu s$$

$RC = 1 \times 10^3 \times 1 \times 10^{-6} = 1 \times 10^{-3}$ s $= 1000$ μs，满足 $RC \gg t_P$ 的要求。

• 自己做

(1) 按图 6.7.1 连接实训电路。

(2) 调节信号源 u_i 使其输出方波频率为 $f=5$ kHz，幅值为 $u_{im}=2$ V。

① 将方波信号 u_i 接入 RC 耦合电路，观察并画出其输入 u_i 及输出 u_{o1} 波形，标出波形参数；

② 将方波信号 u_i 接入 RC 微分电路，观察并画出其输入 u_i 及输出 u_{o2} 波形，标出波形参数；

③ 将方波信号 u_i 接入 RC 积分电路，观察并画出其输入 u_i 及输出 u_{o3} 波形，标出波形参数。

• 想一想，跟我做

(1) 在观察 u_{o2} 波形时，尖脉冲很窄看不清楚怎么办？（此时可调示波器的秒/格，将波形展宽。）

(2) 在观察 u_{o3} 波形时，其波形及其幅度都很小，很难观察怎么办？（注意：积分输出是直流成分，示波器要打到 DC 的位置去观察波形，否则是观察不到波形的。）

• 自己写

(1) 将 RC 耦合电路、RC 微分电路、RC 积分电路的测试结果填于表 6.7.1 中。画波形图时输入波形 u_i 和输出波形 u_o 的时间轴应对齐，所有波形的幅值必须标出。

(2) 写出实训报告。

表 6.7.1 RC 串联电路测试记录表

项目	RC 耦合电路	RC 微分电路	RC 积分电路
电路及组件参数			
输入波形及参数			
输出波形及参数			

· 考考你

（1）RC 耦合电路中，当 R 阻值增大时，此时耦合电容 C 的电容量必须增大还是减小？为什么 MOS 管放大电路输入耦合电容的电容量较小？

（2）若将正、负尖峰波加入积分电路，其输出如何？只将正尖峰波加入积分电路其输出又如何？

（3）将 RC 积分电路参数稍作修改，可以获得三角波吗？

6.8　实训项目——LC 串联谐振

LC 串联谐振电路多用于从很多频率中选出所需的频率成分，如收音机中的调电台、电视机中的选电视频道、通信中要滤除某个频率成分等。

· 做什么？

本次要做的实训项目是 LC 串联谐振电路。要测出串联谐振电路的谐振频率和电路品质因素；测出谐振时信号源电压、电容器上的电压、电感上的电压三者之间的相位关系、幅值关系，从而加深对 LC 串联谐振电路谐振特点的理解。

本实训项目新的知识增长点主要是 LC 串联谐振的特点及测试。

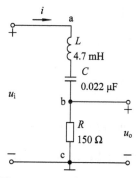

图 6.8.1　LC 串联谐振电路

· 跟我看

实训电路如图 6.8.1 所示，图 6.8.1 中 L、C 是谐振组件，R 是为了测取电路中的电流方向而设置的，因为流过电阻 R 的电流方向与其两端的电压方向相同。R 和电感 L 中的电阻（约 30 Ω～50 Ω）就构成了电路中总的损耗电阻。u_i 是输入信号，u_o 是输出信号。

· 小资料

1. 品质因素 Q 的定义

品质因素是表征回路对信号衰减程度的物理量。它定义为回路总储能量与一周期内损耗能量之比，即

$$Q = 2\pi \frac{\frac{1}{2}LI_m^2}{\frac{1}{2}I_m^2 RT_0} = \frac{2\pi L}{R 2\pi \sqrt{LC}} = \frac{1}{R}\sqrt{\frac{L}{C}}$$

式中，$\frac{1}{2}LI_m^2$ 为回路总储能量；$\frac{1}{2}I_m^2 RT_0$ 是损耗功率 $\frac{1}{2}I_m^2 R$ 与振荡周期 T_0 的乘积，$T_0 = \frac{1}{f_0} = 2\pi\sqrt{LC}$。

谐振时，电容或电感上的电压是电源电压的 Q 倍，即 $U_C = QU_i$，所以 Q 值又可写成

$$Q = \frac{U_C}{U_i}$$

2. 串联谐振的条件

当外加信号频率 f_i 等于回路固有频率 f_0 时,回路发生谐振。

3. 串联谐振的特点

(1) 串联谐振频率 $f_0 = \dfrac{1}{2\pi \sqrt{LC}}$。

(2) 串联谐振时回路阻抗最小,且为纯阻性,$Z = R$,即此时感抗等于容抗,回路总电抗为零($X = X_L - X_C = 0$)。

(3) 串联谐振时回路电流最大,为 $I = U_i/R$,此时电阻上的压降 u_o 达最大,且与输入电压 u_i 同相。

• 小技巧

在调谐过程中,调节信号源的频率必须缓慢仔细,注意观察 u_i 和 u_o 的相位刚好同相为好。

在观察两个波形的相位时,示波器 CH1 和 CH2 的信号输入馈线必须要有共地端,否则无法测试。

• 算一算

谐振频率:$f_0 = \dfrac{1}{2\pi \sqrt{LC}} = \dfrac{1}{2 \times 3.14 \sqrt{4.7 \times 10^{-3} \times 0.022 \times 10^{-6}}} \approx 15.7 \text{ kHz}$

回路 Q 值:$Q = \dfrac{1}{R}\sqrt{\dfrac{L}{C}} = \dfrac{1}{150+40}\sqrt{\dfrac{4.7 \times 10^{-3}}{0.022 \times 10^{-6}}} \approx 2.4$

式中设电感 L 中的电阻为 40 Ω。

• 自己做

(1) 按图 6.8.1 连接实训电路。

(2) 将信号发生器输出信号 f_i 接至电路输入 a、c 端,调节信号发生器输出信号幅度 U_{im} 至 1 V 左右;通过示波器 CH1 通道观察输入信号电压 u_i 波形;通过 CH2 通道观察电阻两端电压 u_o 波形。

(3) 调节信号发生器 f_i 使其频率在 15 kHz 附近反复调试,直至观察到电阻上的电压波形 u_o 和输入信号电压波形 u_i 同相,此时信号发生器输出信号的频率即为谐振频率 f_0。

(4) 交换电路中 R 与 C 的位置,测出谐振时 u_i 和电容 C 上的电压 u_C 波形与幅值。(交换 R 与 C 的位置是为了使示波器 CH1、CH2 有共地。)

• 想一想,跟我做

(1) 谐振时测得电感电压与电容电压之和并不为零,这是什么原因?(这是因为本次实训所用的电感中含有较大阻值的电阻。若此阻值很小则电感电压与电容电压之和就近似为零了。)

（2）要观察比较 u_C 与 u_L 波形的相位，可以用 u_i 作中间参考方向。

• 自己写

（1）记录调至谐振时信号发生器的输出信号频率 f_i，将实调所得电路谐振频率 f_0 填于表 6.8.1 中。

（2）将谐振时测出的 u_i 和电容 C 上电压波形 u_C 的幅值，根据 $Q=U_C/U_i$ 算出 Q 值，填于表 6.8.1 中。

（3）以 u_i 初相角为 0，在同一坐标中画出 u_i、u_o、u_C、u_L 波形，比较它们的相位，标出它们的幅值，填于表 6.8.1 中。

（4）写出实训报告。

表 6.8.1　*LC* 串联谐振记录

项目	谐振频率 f_0	Q 值	u_i、u_o、u_C、u_L 波形
理论计算值	$f_0=\dfrac{1}{2\pi\sqrt{LC}}$ =	$Q=\dfrac{1}{R}\sqrt{\dfrac{L}{C}}$ =	
实测值			

• 考考你

（1）由 $\omega_0 L=1/\omega_0 C$，推导出 f_0 公式。

（2）一般 LC 电路的 Q 值为几十至几百，为何此电路的 Q 值如此低？

（3）某色标电感的色环为蓝灰红银，则此电感的电感量和误差范围各是多少？

6.9　实训项目——感抗、容抗与 *LC* 滤波器

对于电感和电容来说，在频率较低时，由于其积体大、重量重，不能集成化，是一种"烦人"的器件，它们与小型化、集成化的电子电路格格不入；但在高频时，在很多场合，它们又是不可缺少的器件。

电阻的阻值与频率无关，而感抗和容抗的大小则随频率而变化，利用这一特性，电感和电容及它们之间的配合，被广泛应用于如收音机的调电台，电视机的选频道，振荡器中的振荡回路，高频滤波、扼流等。

• 做什么？

本次实训项目是要熟悉 LC 电路中感抗、容抗的基本概念及其计算；通过高、低频情况下的对比，理解 LC 滤波器的工作原理及电路参数选择，了解 LC 电路的基本应用。

本实训项目新的知识增长点主要是熟悉感抗、容抗的基本属性及使用。

· 跟我看

实训电路如图 6.9.1 所示。图 6.9.1 中二极管 V_D 用于将输入交流电压整流为脉动电压(因为只有输入脉动电压,后面才好研究 LC 滤波器的滤波器效果),电感 L 和电容 C 构成 LC 滤波器,R_L 是负载。

在图 6.9.1 中,交流成分被降落在电感 L 上,与负载 R_L 并联的滤波电容 C 将交流成分进一步滤除,输出的就只有直流成分了,这就是滤波原理。

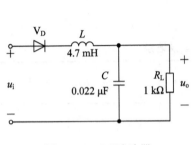

图 6.9.1 LC 滤波器

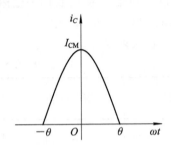

图 6.9.2 余弦脉冲

· 小资料

根据傅里叶级数分析,在余(正)弦半波信号中,含有直流、基波、二次谐波、三次谐波等无穷个高次谐波成分。如图 6.9.2 所示的余弦脉冲中,其数学表达式为

$$i_C = I_{CO} + I_{CM1} \cos\omega t + I_{CM2} \cos2\omega t + \cdots + I_{CMn} \cos n\omega t + \cdots$$

式中 I_{CO}、I_{CM1}、I_{CM2}、$\cdots$、I_{CMn} 分别是直流、基波、二次谐波、n 次谐波的振幅。

· 小技巧

在观察 u_i 和 u_o 两个波形时,示波器 CH1 接 u_i,CH2 接 u_o,在 $f=100\,kHz$ 时调好示波器后,第二次测试 $f=50\,Hz$ 时只需调整信号源频率,再稍许调整 CH2 通道的“伏/格”旋钮,就可很快完成电路调测。

· 算一算

1. LC 滤波器中滤波电容的选取

本电路的基本功能是:将输入正弦半波电压中的交流成分降落在电感 L 上,而电容 C 对交流成分形成交流短路,使输出端无交流输出,完成“滤波”的任务。要实现这一要求,应使电路中的感抗 X_L、容抗 X_C、负载电阻 R_L 三者之间满足

$$X_L \gg R_L \gg X_C$$

由上式可知,滤波电容量的大小与负载阻值 R_L 有关,工程上一般取

$$R_L C \geqslant (3 \sim 5) \frac{T}{2}$$

式中,T 是输入信号中基波成分的周期。若取 $R_L C \geqslant 4\dfrac{T}{2}$,则滤波电容的电容量为

$$C \geqslant 4\frac{T}{2R_{\rm L}}=\frac{2T}{R_{\rm L}}=\frac{2}{R_{\rm L}f}=\frac{2}{1\times10^{3}\times100\times10^{3}}\approx0.02\ \mu{\rm F}$$

取标称值 $C=0.022\ \mu{\rm F}$。

2. 在 $f=100$ kHz 时滤波效果的验算

$$X_{L}=\omega L=2\pi fL=2\times3.14\times100\times10^{3}\times4.7\times10^{-3}\approx3\ {\rm k}\Omega$$

$$X_{C}=\frac{1}{\omega C}=\frac{1}{2\pi fC}=\frac{1}{2\times3.14\times100\times10^{3}\times0.022\times10^{-6}}\approx72\ \Omega$$

$$R_{\rm L}=1\ {\rm k}\Omega$$

满足 $X_{L}\gg R_{\rm L}\gg X_{C}$ 的要求，可以构成滤波器。

3. 在 $f=50$ Hz 时滤波效果的验算

$$X_{L}=\omega L=2\pi fL=2\times3.14\times50\times4.7\times10^{-3}\approx1.5\ \Omega$$

$$X_{C}=\frac{1}{\omega C}=\frac{1}{2\pi fC}=\frac{1}{2\times3.14\times50\times0.022\times10^{-6}}\approx145\ {\rm k}\Omega$$

$$R_{\rm L}=1\ {\rm k}\Omega$$

此时电路中 $X_{C}\gg R_{\rm L}\gg X_{L}$，在此种情况下，$X_{L}\approx0$，其交流压降也为 0，而 $X_{C}\gg R_{\rm L}$，电容 C 形同虚设，交流成分全部降落在输出端。此时，输出端的电压波形就是半波整流波形。

• 自己做

（1）按图 6.9.1 连接实训电路。

（2）在图 6.9.1 中输入正弦信号频率 $f=100$ kHz，幅值 $u_{\rm im}=5$ V 的电压。

（3）将上述信号进行半波整流，LC 滤波后输出；用示波器观察输入 $u_{\rm i}$ 及输出 $u_{\rm o}$ 波形，画出此波形并标出它们的幅值。

（4）将信号源输出信号频率调至 $f=50$ Hz，输出幅值仍为 $u_{\rm im}=5$ V，重新观察此时的输入 $u_{\rm i}$ 及输出 $u_{\rm o}$ 波形，画出此时的波形并标出它们的幅值。

• 想一想，跟我做

在 $f=100$ kHz 时观察 $u_{\rm i}$ 与 $u_{\rm o}$ 波形，怎么 $u_{\rm o}$ 波形好像也是"交流"呢？此时请注意：观察波形时，示波器的第一信号通道 CH1 接 $u_{\rm i}$ 输入，此通道应置"AC"交流耦合位置；而示波器的第二信号通道 CH2 接 $u_{\rm o}$ 输出，此通道应置"DC"直流耦合位置，因为输出是直流成分为主，上面叠加了少许未滤干净的交流分量。

• 自己写

（1）测出 $f=100$ kHz 时输入 $u_{\rm i}$ 及输出 $u_{\rm o}$ 波形的幅值，记于表 6.9.1 中。

（2）测出 $f=50$ Hz 时输入 $u_{\rm i}$ 及输出 $u_{\rm o}$ 波形的幅值，记于表 6.9.1 中。

（3）画出上述两种情况下输入 $u_{\rm i}$ 及输出 $u_{\rm o}$ 的波形，记于表 6.9.1 中。

（4）写出实训报告。

表 6.9.1　*LC* 滤波器测试记录

项目	输入电压 u_i 幅值	输出电压 u_o 幅值	u_i 与 u_o 波形
$f = 100\ \text{kHz}$			
$f = 50\ \text{Hz}$			

• **考考你**

(1) 在图 6.9.1 中若 L 的电感量再大些，其滤波效果是变好还是变坏？

(2) 在图 6.9.1 中若电容 C 换成 $1\ \mu\text{F}$ 的，其滤波效果又如何？请试一下并观察其波形变化。

(3) 现在开关电源的开关频率一般为几十 kHz～几百 kHz，为什么开关电源的滤波电感及滤波电容均很小？

第 7 章　PROTEUS 电路仿真

电路仿真是最重要的电路辅助分析过程，本章简明扼要地介绍了当前比较流行的电路仿真软件 PROTEUS 的工作界面、编辑环境和 PROTEUS ISIS 电路原理图的设计步骤，最后结合几个电路典型实训进行基于 PROTEUS 的电路仿真。

7.1　PROTEUS 仿真概述

PROTEUS 是目前最先进的原理图设计与仿真平台之一，它实现了在计算机上完成电路原理图设计、代码调试及仿真、系统测试与功能验证，到形成 PCB 的完整的设计研发过程。本节主要介绍 PROTEUS 的基本使用方法。

7.1.1　PROTEUS 简介

PROTEUS 是一款集电路基础、模拟电子技术、数字电子技术、单片机应用技术仿真和 SPICE(分析)于一身的 EDA 软件，由英国的 Labcenter Electronics Ltd. 在 1989 年研制成功。经过 20 多年的发展，现已成为当今 EDA 市场上最为流行、功能最强的仿真软件之一。PROTEUS 在全球 50 多个国家得到了广泛应用，主要应用于高校教学实训和公司的实际电路设计和生产。

PROTEUS 软件和其他一些电路设计仿真软件最大的不同在于它的功能非常强大。它强大的元件库可以和任何电路设计软件相媲美，电路仿真功能可以和 Multisim 相媲美，且其独特的仿真功能是 Multisim 及其他任何仿真软件都不具备的，它的 PCB 电路制板功能可以与 PROTEL 相媲美。PROTEUS 除了与其他 EDA 工具一样具有原理图设计、PCB 板制作以及电路仿真功能外，其 PROTEUS VSM(Virtual System Modelling，虚拟仿真技术)还实现了混合模式下的 SPICE 电路仿真，可将微处理器、虚拟仪器、仿真图表、第三方编译器等结合起来，在所设计的硬件电路模型尚未搭建成功之前，即可在计算机上完成原理图设计、电路分析仿真、代码调试和实时仿真、系统测试以及功能验证。

7.1.2　PROTEUS 启动

点击桌面快捷图标" 🔲 "，打开 PROTEUS，其启动画面如图 7.1.1 所示。

7.1.3　PROTEUS 编辑环境

PROTEUS ISIS 的工作界面是标准的 Windows 界面，如图 7.1.2 所示。它包括标题栏、主菜单、标准工具栏、绘图工具栏、状态栏、对象选择按钮、预览对象方位控制按钮、仿真进程控制按钮、预览窗口、对象选择器窗口、图形编辑窗口。

其中，标题栏用于显示当前设计的文件名，状态栏用于显示当前鼠标的坐标值，图形

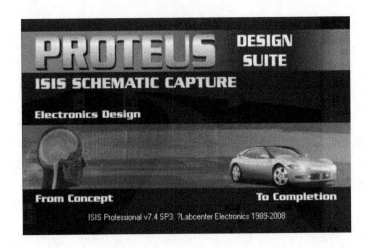

图 7.1.1　PROTEUS 启动画面

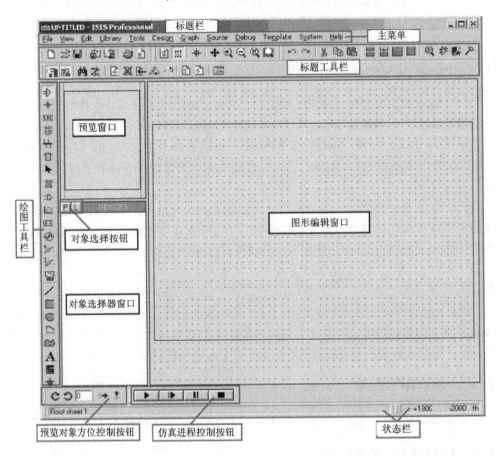

图 7.1.2　PROTEUS ISIS 工作界面

编辑窗口用于原理图等的绘制，预览窗口用来显示全部的原理图。蓝框表示当前页的边界，绿框表示当前编辑窗口显示的区域，其他部分如图 7.1.2 所示。

7.1.4　PROTEUS 编辑环境设置

PROTEUS ISIS 编辑环境设置主要指模板选择、图纸设置和格点设置。绘制电路图首先要选择模板，模板控制电路图的外观信息；然后设置图纸，如纸张的型号等；最后进行格点设置以便为元件的放置，为连线等提供方便。

1．模板设置

（1）选择主菜单中的 Template→Set Design Defaults，将弹出如图 7.1.3 所示对话框。为了满足不同设计者的需求，可通过对话框设置纸张颜色、格点颜色、工作区边框颜色等，还可以设置电路仿真时正极、负极、逻辑高电平、逻辑低电平等的颜色，设置隐藏对象的显示和编辑环境默认的字体。

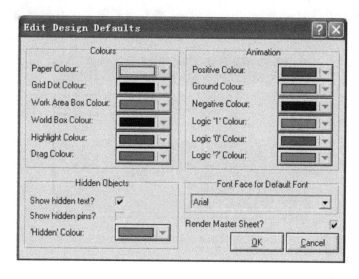

图 7.1.3　编辑环境默认选项

（2）选择主菜单中的 Template→Set Graph Colours，将弹出如图 7.1.4 所示的对话框。通过此对话框可对图形轮廓线（Graph Outline）、底色（Background）、图形标题（Graph Title）等颜色进行设置。

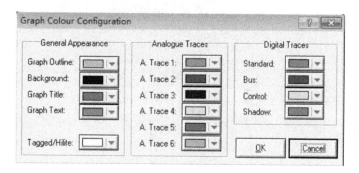

图 7.1.4　编辑图形颜色

（3）选择主菜单中的 Template→Set Junction Dots，将弹出如图 7.1.5 所示的对话框。通过此对话框可设置节点的形状，分方形（Square）、圆形（Round）和钻石形（Diamond）

三种。

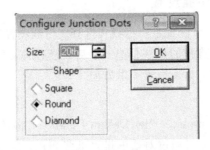

图 7.1.5　编辑节点的形状

2. 图纸尺寸设置

选择主菜单中的 System→Set Sheet Sizes，将弹出如图 7.1.6 所示对话框，可进行图纸的设置。系统提供标准 A0～A4 图纸，系统默认图纸为 A4。

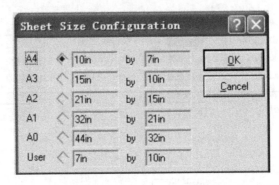

图 7.1.6　图纸尺寸设置

3. 格点设置

在设计电路原理图时，图纸上的格点有利于元件的排列和连线，其设置方法如下。

（1）选择主菜单中的 View→Grid，可设置编辑环境中格点是否显示，如图 7.1.7 所示。

图 7.1.7　格点显示设置

（2）选择主菜单中的 View→Snap 10th(Snap 50th、Snap 0.1in、Snap 0.5in)，可设置各格点的间距。（注：in 为英寸 1 in＝2.54 cm，th 为毫寸 1 th＝0.00254 cm。）

7.1.5　PROTEUS 系统环境设置

在 PROTEUS ISIS 主界面中，可选择主菜单中的 System 菜单项进行系统设置。

1. 系统环境设置

选择主菜单中的 System→Set Environment，将弹出如图 7.1.8 所示对话框，可对系统环境进行设置，包括自动保存时间、撤销重复次数等。

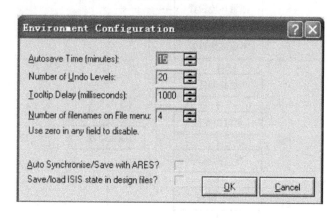

图 7.1.8　系统环境设置

2. 系统仿真设置

选择主菜单中的 System→Set Animation Options，将弹出如图 7.1.9 所示对话框，可对仿真器选项进行设置，包括仿真速度、电压电流范围及仿真的其他功能，如可设置用箭头显示电路中电流的流向，见图 7.1.9 所圈部分。

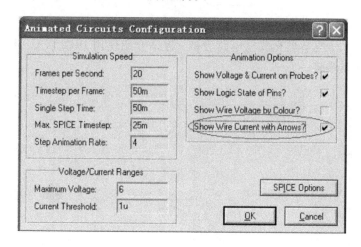

图 7.1.9　系统仿真设置

电路系统设计的第一步是进行原理图设计，这是电路设计的基础。只有在设计好原理图之后，才可进行电路仿真。

7.2　PROTEUS ISIS 电路原理图设计步骤

使用 PROTEUS ISIS 进行电路原理图设计的流程如图 7.2.1 所示。

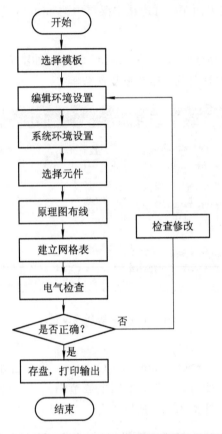

图 7.2.1　PROTEUS ISIS 电路原理图的设计流程

下面以图 7.2.2 电容器充放电电路为例，详细介绍使用 PROTEUS ISIS 进行电路原理图设计的方法及步骤。

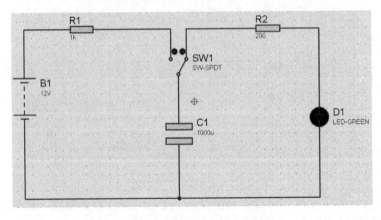

图 7.2.2　电容器充放电电路

1. 选择模板

打开 PROTEUS ISIS 软件，选择主菜单中的 File→New Design，弹出如图 7.2.3 所示的对话框，设计者可根据需求选择不同的模板。通常情况下，选择默认模板（DEFAULT），并将设计的原理图保存，保存到磁盘的文件夹中，取名为 example（默认的后缀名为 DSN）。

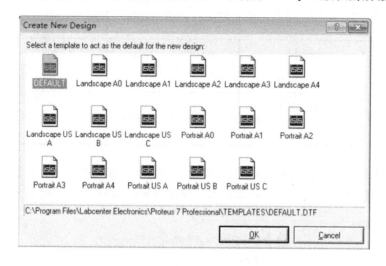

图 7.2.3　PROTEUS 原理图模板

2. 编辑环境设置

PROTEUS ISIS 原理图编辑环境大部分可采取系统默认的设置，具体设置方法可见7.1.4 节，本例中选择系统默认设置。

3. 系统环境设置

PROTEUS ISIS 系统环境的具体设置方法见 7.1.5 节。本例中要观察电路中电流的流向，故需设置用箭头显示电流的方向。选择主菜单中的 System→Set Animation Options，弹出如图 7.2.4 所示对话框，将图中所圈的复选框选中即可。

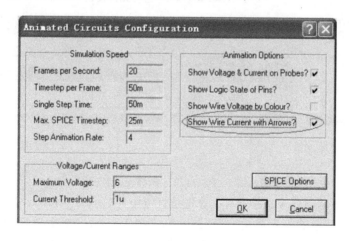

图 7.2.4　PROTEUS 系统环境设置

4. 选择元件

本例中所用到的元件清单如表 7.2.1 所示。

表 7.2.1　电容充放电电路的元件清单

元件名	类	子类	数量	参数	备注
BATTERY	Simulator Primitives	Sources	1	12 V	直流电源
RES	Resistors	Generic	2	1 k, 200	电阻
CAP	Capacitors	Animated	1	1000 uF	电容
SW−SPDT	Switches and Relays	Switches	1		单刀双掷开关
LED	Optoelectronics	LEDs	1	2.2 V, 10 mA	发光二极管

用鼠标左键单击工作界面左侧预览窗口下面的"P"按钮，如图 7.2.5 所示，弹出如图 7.2.6 所示选择元件（Pick Devices）对话框，设计者根据需求选择不同的元件，具体方法如下。

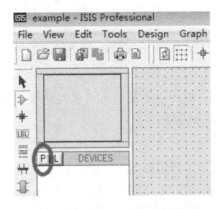

图 7.2.5　PROTEUS 选择元件按钮

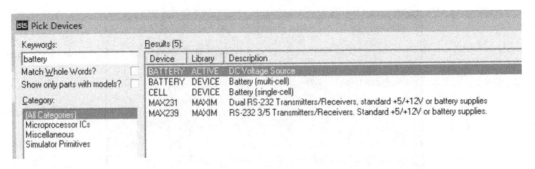

图 7.2.6　PROTEUS 选择元件对话框

按表 7.2.1 所示顺序来选择元件。首先是直流电源（BATTERY），在图 7.2.6 所示对话框的"Keywords"中输入直流电源（battery），在"Category"类中选择"Simulator Primitives"，然后在"Sub-category"（子类）中选择"Sources"，查询列表框中只有一个元件，即是所需的电源元件，双击元件名，元件即被选中到元件列表框中，如图 7.2.7 所示。

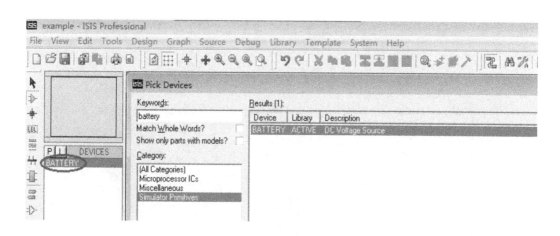

图 7.2.7　PROTEUS 元件选择示意图

按照电源元件的选择方法，依次将其余元件选取到列表框中，然后关闭选择元件对话框，全部元件选取后的列表框如图 7.2.8 所示。

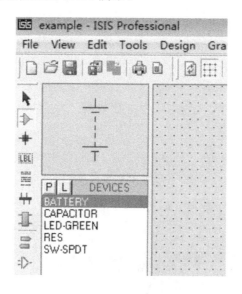

图 7.2.8　元件选择列表框

5. 原理图布线

（1）在布线之前，首先要将列表框中的元件放置到图形编辑窗口中，用鼠标单击列表框中某一元件，再把鼠标移动到图形编辑窗口适当位置，点击鼠标左键即可。本例中需使用 1 个电源、2 个电阻、1 个单刀双掷开关、1 个电容器以及 1 个发光二极管共 6 个元件，放置后的界面如图 7.2.9 所示。

小提示：在放置元器件时，有时需要改变元件的方向，可通过图 7.2.10 所示的四个图标加以修改。本例中需改变单刀双掷开关（SW-SPDT）、电容（C1）和发光二极管（LED-GREEN）的方向，修改后如图 7.2.11 所示。

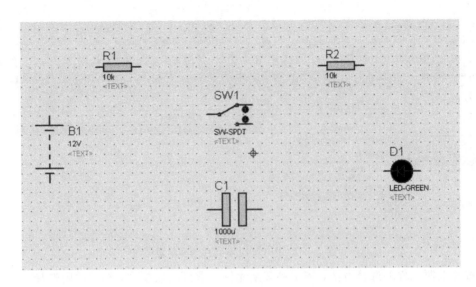

图 7.2.9　元件放置后的界面

图 7.2.10　元件方向调整旋钮

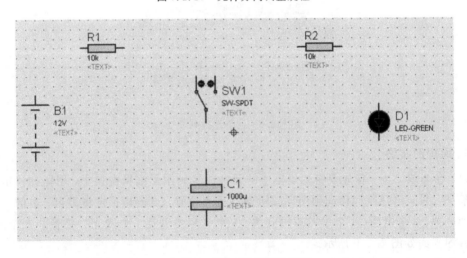

图 7.2.11　元件方向调整后界面

　　（2）元件参数的修改。在图形编辑窗口中双击电阻 R1，将弹出如图 7.2.12 所示对话框，可将电阻 R1 的阻值由 10 k 修改为 1 k，R2 的阻值由 10 k 改为 200（系统默认单位为 Ω），元件参数修改后如图 7.2.13 所示。

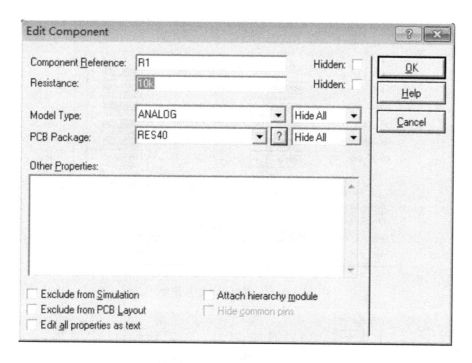

图 7.2.12　元件属性对话框

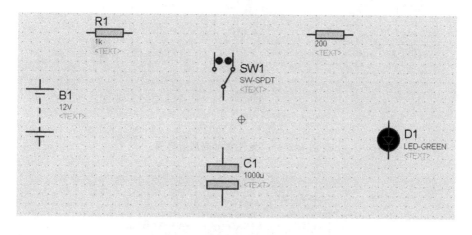

图 7.2.13　元件参数修改后界面

　　小提示：在图 7.2.13 中，注意到各个元件旁都有灰色显示的＜TEXT＞，为了使原理图更加清晰，可以取消此文本的显示。选择主菜单中的 Template→Set Design Defaults，将弹出如图 7.2.14 所示对话框，将图中"Show hidden text?"复选框中的"√"去掉即可，修改后的界面如图 7.2.15 所示。

　　(3) 电路布线。PROTEUS ISIS 连线非常方便，只需用鼠标左键单击元件的一个引脚，拖动到另一元件的引脚，单击鼠标左键即可。如果要删除连线，则首先用鼠标左键选中连线(连线呈红色显示)，再点击鼠标右键，点击"Delete Wire"即可删除需修改的连线，如图 7.2.16 所示。连线完成后示意图如图 7.2.17 所示。

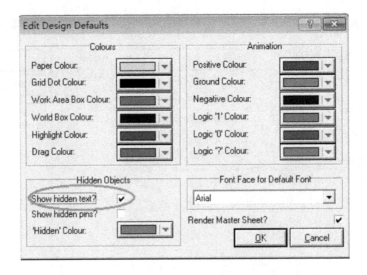

图 7.2.14　元件文本信息设置

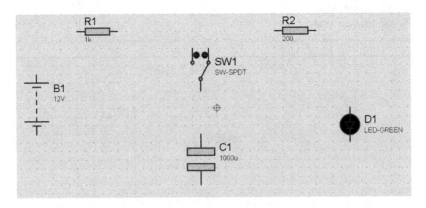

图 7.2.15　元件文本取消后界面

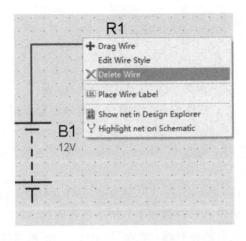

图 7.2.16　删除连线方法

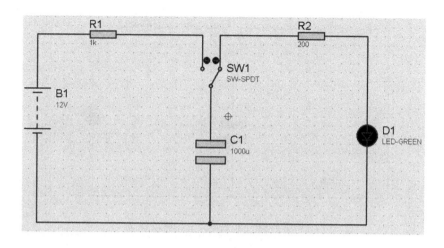

图 7.2.17　连线完成后界面

6. 电气检查

选择主菜单中的 Tools→ELECTRICAL RULES CHECK，将弹出如图 7.2.18 所示对话框，出现电气规则检测报告单，同时生成网络报表。如果检测有错误产生，则需重新回到原理图界面加以修改，直至最后检测无错误产生。

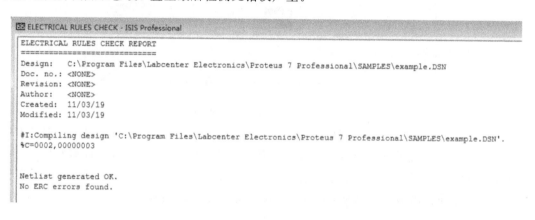

图 7.2.18　电气规则检测报告单

7. 电路动态仿真

点击 PROTEUS ISIS 左下角的仿真按钮，如图 7.2.19 所示，将单刀双掷开关(SW1)拨向左边，可看见电源向电容器充电，电容器两端聚集的电荷越来越多，直到充满电，两端电压达到 12 V，同时可看见充电电流的方向。电容器充满后，电流就消失，如图 7.2.20 所示。

图 7.2.19　仿真旋钮

当电容器充满电荷后，将单刀双掷开关(SW1)拨向右边，这时电路为电容器放电电路，电容器起始有 12 V 电压，通过电阻 R2 和 D1 开始放电，所以 SW1 刚拨向右边时，发光二极管 D1 被点亮，随着时间的推移，二极管逐渐熄灭，放电示意图如图 7.2.21 所示。

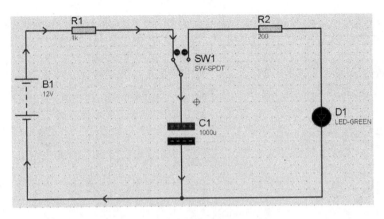

图 7.2.20　电容器充电仿真过程

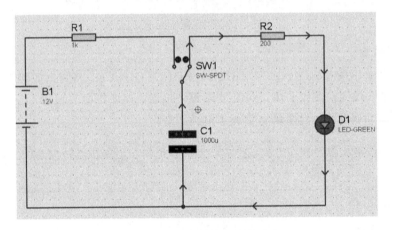

图 7.2.21　电容器放电仿真过程

改进 1：在电容器充放电过程中，图 7.2.20 和图 7.2.21 可显示电流的方向，但还不知道如何显示充电电流的变化及最后电容器充满后两端的电压为多大？这时候需要加入一些虚拟仪器仪表，以便更好地分析充放电过程，在图 7.2.20 和图 7.2.21 中加入直流电压表和电流表后，可清晰地显示电流电压变化情况，如图 7.2.22 所示。

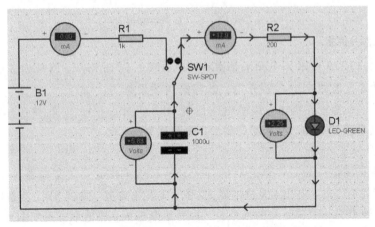

图 7.2.22　电容器充放电过程加入仪器仪表仿真过程

　　改进 2：PROTEUS ISIS 原理图绘制完成后，需要对原理图进行简单的描述，一般都有一个标题栏和文字用来说明该电路的功能以及一个头块来说明诸如设计名、作者、版本等信息。

　　(1) 标题栏。选择绘图工具栏中的"A"图标，在对象选择器中选择"MARKER"选项，如图 7.2.23 所示，弹出如图 7.2.24 所示对话框，在对话框中可输入标题栏名称、位置、字体、高度、颜色等信息，设计好的标题栏如图 7.2.25 所示。

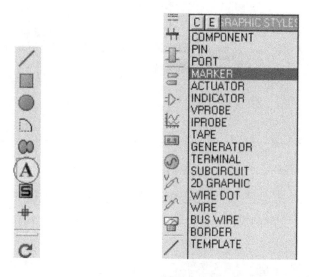

图 7.2.23　添加标题栏

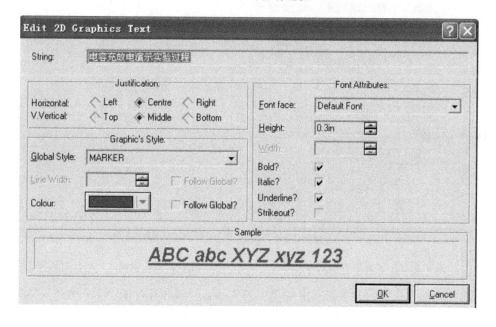

图 7.2.24　标题栏对话框

　　(2) 说明文字。选择绘图工具栏中的" ▣ "图标，在图形编辑窗口拖放出一矩形区域，选中该区域，单击鼠标左键，将弹出如图 7.2.26 所示对话框，可设置该矩形框的属性。

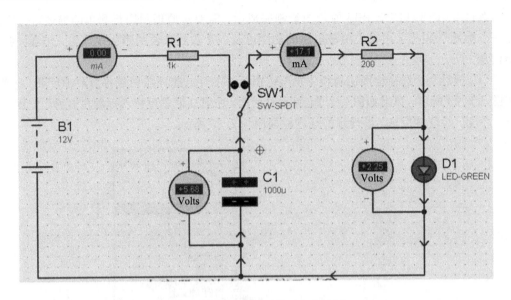

图 7.2.25　添加标题栏后电路界面

选择工具栏中的"　　"图标，在矩形框区域单击，将弹出如图 7.2.27 所示对话框，可输入相关的说明文字，文字的属性可通过"Style"选项设置，说明文字添加完毕后如图 7.2.28 所示。

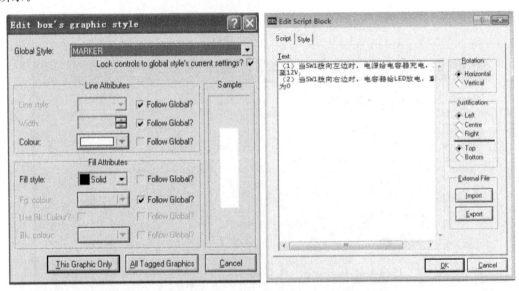

图 7.2.26　编辑矩形框属性　　　　　　　　图 7.2.27　说明文字添加对话框

（3）原理图的头块设置。选择主菜单中的 Design→Edit Design Properties，将弹出如图 7.2.29 所示对话框，可设置原理图块名、序列号、版本及作者等信息，按图 7.2.29 设计完成。

然后点击工具栏的"　　"图标，在对象列表框中点击"P"按钮，在弹出的对话框 Libraries 中选择 SYSTEM，在 Objects 中选择 HEADER 头文件即可，设置后如图 7.2.30 所示。

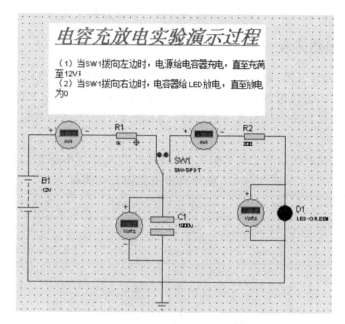

图 7.2.28 添加说明文字后原理图

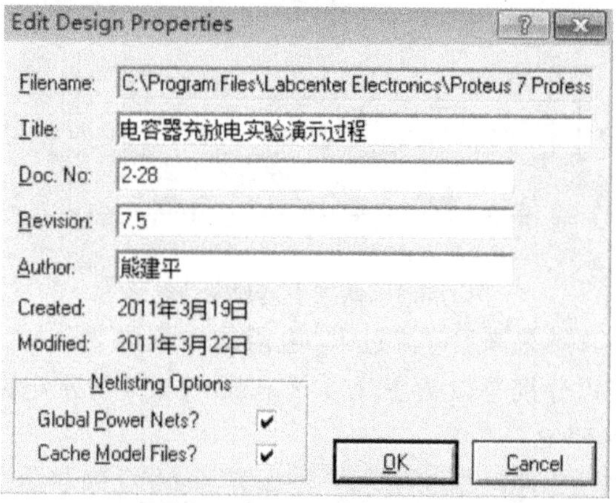

图 7.2.29 编辑设计属性

图 7.2.30 原理图头块设置

7.3 基于 PROTEUS 的电路仿真

本节将应用 PROTEUS ISIS 对本书前面的电路基础实训进行仿真,以帮助读者熟练掌握 PROTEUS 中的电路仿真元件、虚拟仪器和仿真图表的使用方法。

7.3.1　戴维南定理实训

戴维南定理：对于任意线性有源二端网络，其对外电路的作用可以用一个电动势为 E 和内阻为 R 相串联的电压源等效，其中理想电压源的电动势 E 等于二端网络的开路电压，内阻 R 等于将该网络内部各理想电压源短路，各理想电流源开路后所对应无源二端网络的等效电阻。

戴维南定理实训电路如图 7.3.1 所示，电路中所用元件清单如表 7.3.1 所示。

表 7.3.1　戴维南定理实训元件清单

元件名	类	子类	数量	参数	备注
BATTERY	Simulator Primitives	Sources	1	12 V	电源
RES	Resistors	Generic	4	1 k、2 k 各 2 个	电阻

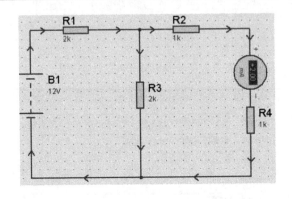

图 7.3.1　戴维南定理实训电路

通过图 7.3.1 的仿真结果来看，流过 R_4 电阻的电流为 2 mA。根据戴维南等效定理，图 7.3.1 所示的电路可以分别等效为图 7.3.2 和图 7.3.3 所示电路，其中测得开路电压 $E=6$ V，等效内阻 $R=2$ kΩ。

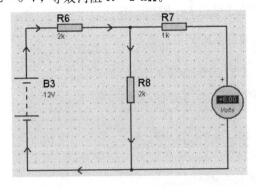
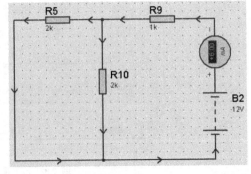

图 7.3.2　测量开路电压值 E　　　　　　　图 7.3.3　测量等效内阻 R

最后图 7.3.1 所示电路等效后的电路如图 7.3.4 所示。可见，通过戴维南定理等效后测得电阻 1 k 的电流仍为 2 mA，从而验证了戴维南定理的正确性。

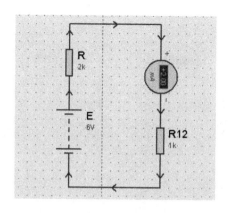

图 7.3.4　戴维南定理等效后电路

7.3.2　叠加定理实训

叠加定理：在线性网络中，当有多个电源共同作用时，在电路中任一支路所产生的电压(或电流)等于各电源单独作用时在该支路所产生的电压(或电流)的代数和。

叠加定理实训电路如图 7.3.5 所示，元件清单如表 7.3.2 所示。

表 7.3.2　叠加定理实训元件清单

元件名	类	子类	数量	参数	备注
BATTERY	Simulator Primitives	Sources	2	12 V 和 8 V	电源
RES	Resistors	Generic	3	1 k、2 k、2 k	电阻

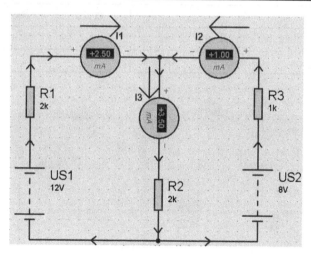

图 7.3.5　叠加定理等效前电路

通过对图 7.3.5 的仿真结果来看(注意要将电流表的单位改成 mA 级别)，叠加定理在等效前的三个电流值分别为 $I_1=2.5$ mA，$I_2=1$ mA，$I_3=3.5$ mA，方向如图 7.3.5 所示。等效后的电路分别如图 7.3.6 和图 7.3.7 所示。从图 7.3.6 中测量的三个电流值分别为 $I_1'=4.5$ mA，$I_2'=-3$ mA，$I_3'=1.5$ mA；图 7.3.7 中测量的三个电流值分别为 $I_1''=-2$ mA，$I_2''=4$ mA，$I_3''=2$ mA。根据叠加定理，$I_1=I_1'+I_1''$，$I_2=I_2'+I_2''$，$I_3=I_3'+I_3''$，从而验证叠加

定理的正确性。

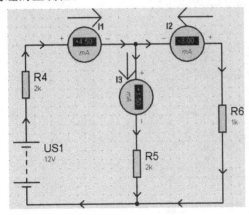

图 7.3.6　叠加定理分电路 1

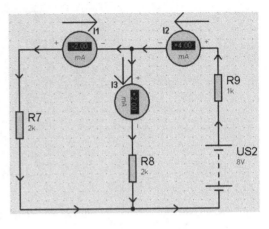

图 7.3.7　叠加定理分电路 2

7.3.3　基尔霍夫定理实训

基尔霍夫电流定律：在电路中，对于任意节点或闭合面，流入节点或闭合面的电流，恒等于流出节点或闭合面的电流。

基尔霍夫电压定律：在任意瞬间，在任意闭合回路中，沿任意环形方向（顺时针或逆时针），回路中各段电压的代数和恒等于 0。

基尔霍夫电压和电流定律实训电路如图 7.3.8 所示，元件清单如表 7.3.3 所示。

表 7.3.3　基尔霍夫电压电流定律实训元件清单

元件名	类	子类	数量	参数	备注
BATTERY	Simulator Primitives	Sources	2	4.5 V 和 7 V	电源
RES	Resistors	Generic	3	1 k、2 k、3 k	电阻

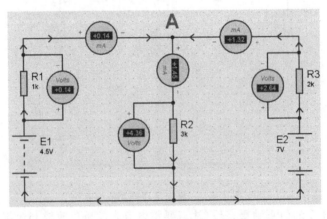

图 7.3.8　基尔霍夫定理实训图

从仿真的结果来看，针对节点 A，三个电流表的读数分别为 0.14 mA、1.32 mA 和 1.45 mA，其代数和为 0。针对左边和右边两个回路来说，其电压的代数和也恒为 0，从而验证基尔霍夫电压电流定律的正确性。

7.3.4　*RC* 移相电路实训

RC 串联电路,利用电容器充放电的延迟作用,常用于如低频振荡器中的阻容移相电路,电路实训如图 7.3.9 所示,实训元件清单如表 7.3.4 所示。

表 7.3.4　*RC* 移相电路实训元件清单

元件名	类	子类	数量	参数	备注
CAP	Capacitors	Generic	2	$0.1\ \mu\text{F}$	电容
RES	Resistors	Generic	2	$1.5\ \text{k}$	电阻

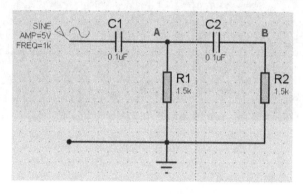

图 7.3.9　*RC* 移相电路实训图

RC 移相电路原理简介:输入正弦波参数,幅值为 5 V,频率为 1 kHz,初相位为 0°,各元件参数如图 7.3.9 所示,两个电容器 C_1 和 C_2 的容抗均为

$$X_C = \frac{1}{\omega C} = \frac{1}{2\pi fC} = \frac{1}{2 \times 3.14 \times 1000 \times 0.1 \times 10^{-6}} \approx 1.5\ \text{k}\Omega$$

考虑虚线左边的一阶电路,可得

$$\frac{\dot{U}_A}{\dot{U}_i} = \frac{1.5}{1.5 - \text{j}1.5} = \frac{1}{1 - \text{j}1} = \frac{1}{2}(1 + \text{j}1) = \frac{\sqrt{2}}{2}\angle 45°$$

电阻 R_1 两端电压的相位比总电压的相位超前大约 45°,同理,电阻 R_2 两端电压的相位比电阻 R_1 两端电压的相位超前大约 45°。利用示波器观察输入端,A 点和 B 点的电压波形、电路的连接形式如图 7.3.10 所示,显示的波形如图 7.3.11 所示,黄色显示的是输入端波形,蓝色显示的为 A 点波形,红色显示的是 B 点波形,蓝色波形相位超前输入端波形相位 45°,红色波形相位超前蓝色波形相位 45°。

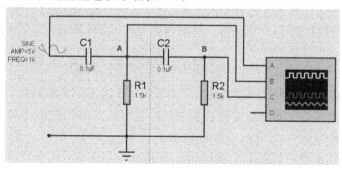

图 7.3.10　*RC* 移相电路与示波器连接图

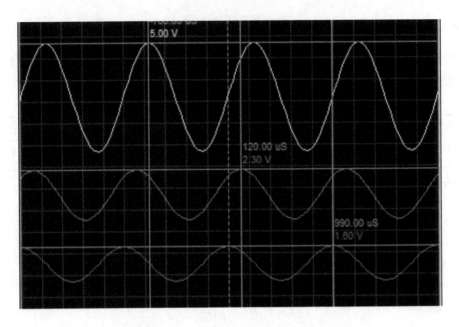

图 7.3.11　　RC 移相电路各点波形图

7.3.5　LC 串联谐振电路实训

LC 串联谐振电路，多用于从很多频率中选出所需的频率成分，如收音机中的调台，电视机中的选择电视频道，通信中要滤除某个频率成分等。串联电路发生谐振的条件是当外加信号频率 f_i 与电路的固有频率 f_0 相等时，则发生谐振。串联谐振的谐振频率为：$f_0 = \dfrac{1}{2\pi\sqrt{LC}}$。

串联谐振电路如图 7.3.12 所示，谐振电路实训元件清单如表 7.3.5 所示。

表 7.3.5　　串联谐振电路实训元件清单

元件名	类	子类	数量	参数	备注
CAP	Capacitors	Generic	1	$0.022\ \mu F$	电容
RES	Resistors	Generic	1	150	电阻
IND	Inductors	Generic	1	$4.7\ mH$	电感

调节输入信号源正弦波参数为幅值 1 V，频率 15 kHz 左右(需调节)，初相位为 0°，电阻、电容和电感参数如图 7.3.12 所示，根据谐振公式，可计算出电路的固有频率为

$$f_0 = \frac{1}{2\pi\sqrt{LC}} = \frac{1}{2\pi\sqrt{4.7\times10^{-3}\times0.022\times10^{-6}}} \approx 15.8\ kHz$$

所以需调节输入信号源正弦波的频率在 15.8 kHz 左右，反复调试，直至观察到电阻上的电压波形和输入正弦波电压波形同相时，此时正弦波信号的频率即为电路的谐振频率。利用示波器观察输入正弦波波形和电阻上的电压波形，电路与示波器的连接如图 7.3.13 所示，显示的波形如图 7.3.14 所示，从仿真结果来看，该串联谐振电路的谐振频率约为 15.4 kHz。

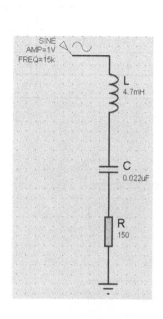

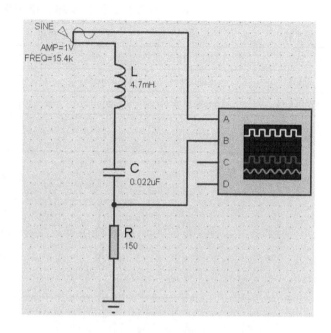

图 7.3.12　串联谐振电路实训图　　　　　　　图 7.3.13　串联谐振电路与示波器连接图

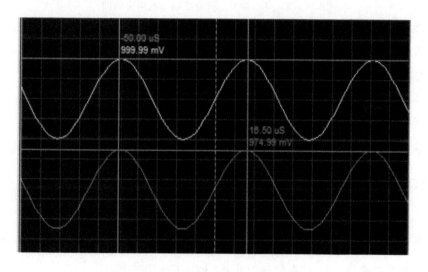

图 7.3.14　串联谐振时波形显示图

7.3.6　RC 微分、积分及耦合电路实训

　　RC 微分、积分及耦合电路都是 RC 串联电路，电路形式虽然相同，但电路参数不同，参数的差异由"量变到质变"形成性质截然不同的电路。该电路如图 7.3.15 所示，电路实训所用元件清单如表 7.3.6 所示。

表 7.3.6　RC 微分、积分及耦合电路实训元件清单

元件名	类	子类	数量	参数	备注
CAP	Capacitors	Generic	3	1 μF2 个，1000 pF1 个	电容
RES	Resistors	Generic	3	1 k	电阻
SWITCH	Switches & Relays	Switches	1		开关

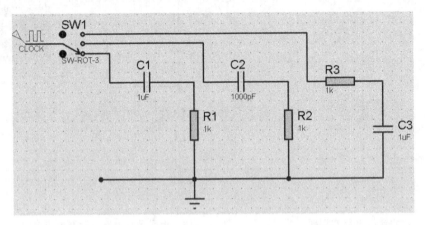

图 7.3.15　RC 微分、积分及耦合电路实训图

该电路输入激励源为方波，频率为 5 kHz，幅值为 5 V，如图 7.3.15 所示。下面简单介绍 RC 微分、积分及耦合电路的工作原理。

1. RC 耦合电路原理

(1) 条件：$R \gg X_C$，从电阻上输出，此时 $u_o \approx u_i$；

(2) 电路参数选择：R、C 参数选为 $R = 1$ kΩ，$C = 1$ μF；

(3) 估算：由于 $f = 5$ kHz，则电容容抗 $X_C = \dfrac{1}{\omega C} = \dfrac{1}{2 \times 3.14 \times 5000 \times 1 \times 10^{-6}} \approx 31.8$ Ω；

而 $R = 1$ kΩ，满足 $R \gg X_C$ 的要求。

2. RC 微分电路原理

(1) 条件：$RC \ll t_P$（t_P 为输入方波周期的一半），从电阻上输出，此时 $u_o \approx RC \dfrac{\mathrm{d}u_i}{\mathrm{d}t}$；

(2) 电路参数选择：R、C 参数选为 $R = 1$ kΩ，$C = 1000$ pF；

(3) 估算：由于 $f = 5$ kHz，则方波脉宽为 $t_P = \dfrac{T}{2} = \dfrac{1}{2 \times 5000} \approx 100$ μs；而 $RC = 1 \times 10^3 \times 1000 \times 10^{-12} = 1$ μs，满足 $RC \ll t_P$ 的要求。

3. RC 积分电路原理

(1) 条件：$RC \gg t_P$（t_P 为输入方波周期的一半），从电容上输出，此时 $u_o \approx \dfrac{1}{RC} \displaystyle\int u_i \, \mathrm{d}t$；

(2) 电路参数选择：R、C 参数选为 $R = 1$ kΩ，$C = 1$ μF；

(3) 估算：由于 $f = 5$ kHz，则方波脉宽 $t_P = \dfrac{T}{2} = \dfrac{1}{2 \times 5000} \approx 100$ μs；而 $RC = 1 \times 10^3 \times 1$

$\times 10^{-6} = 1000\ \mu s$，满足 $RC \gg t_P$ 的要求。

　　电路与示波器的连接如图 7.3.16 所示，图 7.3.17 所示的是耦合电路波形，图 7.3.18 所示的是微分电路波形，图 7.3.19 所示的是积分电路波形。

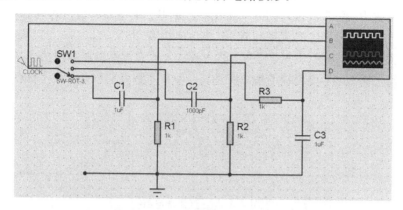

图 7.3.16　RC 微分、积分及耦合电路与示波器连接图

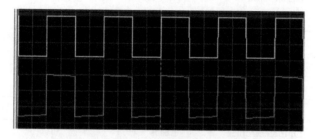

图 7.3.17　耦合电路波形输入输出图

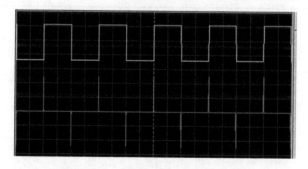

图 7.3.18　微分电路波形输入输出图

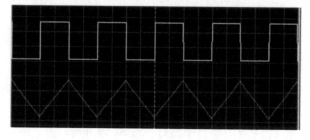

图 7.3.19　积分电路波形输入输出图

7.3.7 继电器电路实训

继电器在自动控制、电力拖动等设备中是必不可少的器件，继电器的基本原理是通电线圈产生电磁拉力，将常开触点闭合而常闭触点断开。继电器有交流继电器和直流继电器之分，交流继电器一般称为交流接触器，其电压等级有 36 V、220 V、380 V 等，直流继电器的电压等级有 3 V、5 V、9 V、12 V、24 V 等。5 V 直流继电器如图 7.3.20 所示，当线圈通过的电流足够大时，继电器的触点将动作，即常闭触点变常开，常开触点变常闭。

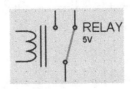

图 7.3.20　直流继电器

继电器电路实训电路如图 7.3.21 所示，电路实训所用元件清单如表 7.3.7 所示。

表 7.3.7　继电器电路实训元件清单

元件名	类	子类	数量	参数	备注
BATTERY	Simulator Primitives	Sources	2	9 V、5 V	电源
SWITCH	Switches and Relays	Switches	1		开关
RES	Resistors	Generic	2	240、510	电阻
LED	Optoelectronics	LEDs	1		发光二极管
RELAY	Switches & Relays	Relays(Generic)	1		继电器

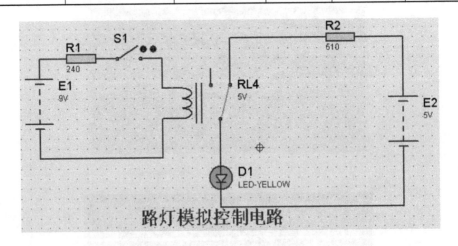

图 7.3.21　继电器电路实训图

该继电器电路实训图是模拟路灯控制电路，图 7.3.21 中继电器左边电路模拟白天和黑夜状况，当开关 S1 断开，则电路无电流，相当于黑夜；当开关 S1 闭合，电路有电流流过，相当于白天，发光二极管 D1 相当于路灯。当 S1 断开时，流过继电器线圈的电流为 0，继电器触点无动作，则路灯点亮（黑夜）；当 S1 闭合时，流过继电器线圈的电流足够大时，继电器触点开始动作，常闭触点变常开触点，则右边电路断开，路灯熄灭（相当于白天）。

附录 A　习题参考答案

第 1 章

1.1　因为电压的实际方向与参考方向相反，电流的实际方向与参考方向相同，故 b 点为高电位，电流方向由 a 至 b。

1.2　$U = -5$ V

1.3　对于元件 A，发出功率为 15 W（或吸收功率为 -15 W）。

对于元件 B，发出功率为 12×10^{-3} W（或吸收功率为 -12×10^{-3} W）。

1.4　电阻与电压源吸收功率，作负载；电流源供出功率，作电源。

1.5　电阻吸收 1 W 功率，作负载；电流源供出 1 W 功率，作电源；电压源中无电流。

1.6　对于元件 A，发出功率，起电源作用；对于元件 B，发出功率，起电源作用；对于元件 C，吸收功率，起负载作用。

1.7　$I = 0.1$ A，$U = 50$ V。

1.8　25 W 的灯较亮。

1.9　$R_1 = 3$ Ω，$R_2 = 2$ Ω，$R_3 = 1$ Ω。

1.10　$R = 6$ Ω，$P_R = 24$ W。

1.11　(1) $U = -3$ V；

(2) 1 V 电压源功率 $P = 2$ W（吸收功率）；

(3) 1 A 电流源功率 $P = 5$ W（供出功率）。

1.12　(a) $u = u_1 - u_2$；(b) $i = i_1 - i_2$；(c) $u = -u_1$；(d) $i = -i_1$。

1.13　$U = 7$ V。

1.14　$I_s = 5$ A。

1.15　$U_s = -7$ V。

1.16　$U = -2$ V。

1.17　$R_0 = 6$ Ω。

1.18　$I_s = 10$ A。

1.19　$R = 5$ Ω。

1.20　$I = 1$ A，电压源不提供也不吸收功率；电流源产生 1 W 功率；电阻吸收或消耗 1 W 功率；整个电路功率平衡。

1.21　$I = 3$ A。

1.22　(1) 开路时 $U_O = 52$ V；(2) 短路时 $I_s = 104$ A；

(3) 额定状态下 $I_N = 4$ A，$R_N = 12.5$ Ω。

1.23　输出电压 U_2 的变化范围为 5.5 V ~ 8.5 V。

1.24 $U_{ab}=22$ V。

1.25   在 a 点位置时，电流表和电压表的读数均为零；
       在 b 点位置时，电流表和电压表的读数分别为 $I=2.2$ A，$U=220$ V；
       在中点位置时，电流表和电压表的读数分别为 $I=0.733$ A，$U=73.3$ V。

1.26 $I_3=-1$ A，$I_4=5$ A，$I_6=2$ A。

1.27 $i_1=8$ A，$i_2=10$ A。

1.28 $I_1=0$ A，$I_2=-2$ A，$I_3=0$ A，$U=-2$ V。

1.29 $U_5=6$ V，$U_7=-8$ V，$U_9=9$ V。

1.30 $V_A=-3$ V。

1.31 $V_A=10$ V，$R_1=20$ Ω。

1.32   当开关 S 断开时，$V_A=6.8$ V；
       当开关 S 闭合时，$V_A=3$ V。

1.33   (1) $R_C=1000$ Ω；
       (2) $U_{CE}=3$ V，$U_{BE}=0.65$ V；
       (3) $I_1=2\times10^{-4}$ A，$I_E=2.05\times10^{-3}$ A。

第 2 章

2.1   (a) $R_{ab}=0.8+4.2=5$ Ω，   (b) $R_{ab}=\dfrac{10\times15}{10+15}+4=10$ Ω

      (c) $R_{ab}=\dfrac{6\times6}{6+6}+\dfrac{3\times6}{3+6}=5$ Ω，   (d) $R_{ab}=1.84$ Ω。

2.2 $R_{ab}=40$ Ω。

2.3 $R_{ab}=10$ Ω，$R_{bc}=20$ Ω。

2.4 $U_{AB}=5$ V。

2.5 $R_1=R_2=100$ Ω。

2.6 $R=16$ Ω。

2.7 $U=35$ V。

2.8 $R=3$ Ω。

2.9 $R_1=298.5$ kΩ，$R_2=700$ kΩ。

2.10 $I_1=50$ mA，$U_2=10$ V，$I_2=33$ mA，电位器不能正常工作。

2.11 $I=1$ A。

2.12 $I=0.1$ A，$U=2$ V。

2.13 $I=0.5$ A。

2.14 $I_1=5$ mA，$I_2=-5$ mA，$I_3=0$。

2.15 $I_1=-\dfrac{1}{3}$ A，$I_2=-\dfrac{2}{3}$ A。

2.16   元件 A 发出的电功率 $P_A=50\times7=350$ W。

2.17   (1) 电流 $I_1=5$ A，(2) 当 U_s 改为 15 V 时，$I_1=6$ A。

2.18   7 V。

2.19 （1）将开关 S 合在 a 点时，$I_1 = 15$ A，$I_2 = 10$ A，$I_3 = 25$ A。

（2）将开关 S 合在 b 点时，$I_1 = 15 - 4 = 11$ A，$I_2 = 10 + 6 = 16$ A，

$I_3 = 25 + 2 = 27$ A。

2.20　$I = 6$ A。

2.21　$U = 11.5$ V。

2.22　$I = 5$ A。

2.23　U_s 的极性为上"+"下"－"，$U_s = 1$ V。

2.24　电流源产生功率 $P = 96$ W。

2.25　电流源发出的功率 $P = \dfrac{8}{3}$ W。

2.26　4 V 电压源发出功率 $P = 20$ W。

2.27 （1）电流源提供的功率为零时，电流源电流 $I = -5$ A；

（2）电压源提供的功率为零时，电流源电流 $I = \dfrac{10}{3}$ A。

2.28　$I_L = \dfrac{U_0}{R_0 + R_L} = \dfrac{13}{3 + 3} = 2.17$ A。

2.29　开路电压 $U_s = 1 \times 10 + 10 = 20$ V，等效内阻 $R_s = 10$ Ω。

2.30　ab 端口的等效电路为开路。

2.31　$U = 2$ V。

2.32　开路电压 $U_{ab} = 3$ V，等效内阻 $R_{ab} = 2.5$ Ω。

2.33　N 的戴维南等效电路参数为开路电压为 1.25 V，等效内阻 $R_{ab} = 1.25$ Ω。

2.34　$I = 2$ A。

2.35　二极管电流 $I = 3$ mA。

2.36　$I = 1$ A。

2.37　$U = 1.35$ V，$I = 0.365$ A。

第 3 章

3.1　$I_m = 141.4$ A，$I = \dfrac{I_m}{\sqrt{2}} = 100$ A；$f = \dfrac{\omega}{2\pi} = \dfrac{314}{6.28} = 50$ Hz，$\psi = 30°$。

3.2　50 Hz。

3.3　总电流表 A 的读数为 7.07 A，各电流的相量图（略）。

3.4　$R = \dfrac{U}{I} = \dfrac{120}{20} = 6$ Ω；$L = \dfrac{X}{\omega} = \dfrac{4.98}{314} = 15.85$ mH。

3.5　$\dot{I}_R = 0.8 \angle 36.9°$ A。

3.6　方框中 X 应为电容元件，$C = 50$ μF。

3.7　$\dot{U}_C = 50 \angle -60°$ V。

3.8　$\omega L = 32$ Ω。

3.9 （a）$A_0 = \sqrt{10^2 + 10^2} = 10\sqrt{2}$ A；

（b）$V_0 = \sqrt{100^2 - 60^2} = 80$ V；

　　　　(c) $A_0 = 5 - 3 = 2$ A；

　　　　(d) $V_0 = \sqrt{10^2 + 10^2} = 10\sqrt{2}$ V；

　　　　(e) $A_0 = 10$ A，$V_0 = 100\sqrt{2}$ V。

3.10　$C = 63.7\ \mu F$。

3.11　$L = 0.0156$ H。

3.12　$R = 1.375$ kΩ，$L = 10.25$ H。

3.13　$R = 30$ Ω；$L = 0.4$ H。

3.14　$R_1 = 2$ Ω；$R_2 = 13$ Ω；$L = 0.0276$ H。

3.15　$R = \dfrac{U^2}{P} = 100$ Ω，$C = 31.8\ \mu F$。

3.16　$R = 21.65$ Ω ，$L = 0.0398$ H。

3.17　$R = 12$ Ω，$\omega L = 9$ Ω。

3.18　$Z = (10 + j10)$ Ω。

3.19　$R = 56$ Ω，$L = 0.1337$ H。

3.20　对于图形 a，$\omega = \dfrac{1}{RC}$；对于图形 b，ω 大于 $\dfrac{1}{RC}$；对于图形 c，ω 小于 $\dfrac{1}{RC}$。

3.21　$R = 40$ Ω，$C = 5.3 \times 10^{-5}$ F。

3.22　$L = 0.0796$H；$R = 28.9$ Ω；$C = 63.7\ \mu F$。

3.23　$P = 1100$ W；$Q = 993$ Var；$\lambda = 0.742\ (\varphi > 0)$。

3.24　$R = 25$ Ω，$P = 100$ W。

3.25　$Q = -433$ Var。

3.26　$\cos\varphi = 0.7$。

3.27　$S = 25.08$ kVA。

3.28　(1) 最多可点盏数为 1000；

　　　　(2) 最多可点盏数为 500。

3.29　$C = 3.3\ \mu F$。

3.30　$C = 200\ \mu F$。

3.31　(1) $P = 6$ kW；$I_N = 45.5$ A；

　　　　(2) $C = 336\ \mu F$；$I = 30.3$ A。

3.32　$C = 1.75\ \mu F$。

3.33　$\omega = \dfrac{1}{\sqrt{LC}} = \dfrac{1}{\sqrt{0.1 \times 10 \times 10^{-6}}} = 1000$ rad/s。

3.34　$I = 10\sqrt{2}$ A，$P = 1000\sqrt{2}$ W，$\cos\varphi = 1$。

3.35　$f_1 = \dfrac{1}{2\pi\sqrt{LC_1}} = \dfrac{1}{2\pi\sqrt{0.3 \times 10^{-3} \times 25 \times 10^{-12}}} = 1838.7$ kHz

　　　　$f_2 = \dfrac{1}{2\pi\sqrt{LC_2}} = \dfrac{1}{2\pi\sqrt{0.3 \times 10^{-3} \times 360 \times 10^{-12}}} = 484.5$ kHz。

　　　　故能满足收听 535 kHz～1605 kHz 波段的要求。

　　　　$Q_1 = \dfrac{2\pi f_1 L}{R} = 40.3$，$Q_2 = \dfrac{2\pi f_2 L}{R} = 121$

在 $f=1605$ kHz 频率下，收音机的选择性好一些。

增大电阻值 R，对谐振频率无影响。

3.36 $R=\dfrac{1}{\omega C}=20\ \Omega$，$\omega L=\dfrac{R}{2}=10\ \Omega$。

3.37 $R=5\sqrt{2}\ \Omega$，$\omega L=R=5\sqrt{2}\ \Omega$，$\dfrac{1}{\omega C}=10\sqrt{2}\ \Omega$。

3.38 $C=0.025\ \mu\mathrm{F}$。

3.39 $\omega_0=\dfrac{1}{\sqrt{LC}}=5\times10^3\ \mathrm{rad/s}$，$Q=\dfrac{\omega_0 L}{R}=12.5$。

3.40 $R=1\ \Omega$，$L=20\ \mathrm{mH}$，$Q=50$。

3.41 (1) $Q=\dfrac{f_0}{\Delta f}=\dfrac{480}{483-477}=80$；

(2) $R=37.7\ \Omega$，$C=110\ \mathrm{pF}$。

3.42 $\dot{I}_1=27.8\angle-56.36°\ \mathrm{A}$，$\dot{I}_2=32.4\angle-115.3°\ \mathrm{A}$，$\dot{I}_3=29.9\angle11.89°\ \mathrm{A}$。

3.43 $Z_L=8+\mathrm{j}26\ \Omega$ 时负载获得的功率最大，且最大功率 $P=62.5\ \mathrm{W}$。

3.44 $R=8\ \Omega$，$X_L=6.928\ \Omega$，$X_C=13.856\ \Omega$，$I_2=2.5\ \mathrm{A}$。

3.45 当 $Z_L=(4+\mathrm{j}4)\ \Omega$ 时，可获得最大功率 $P_{\max}=25\ \mathrm{W}$。

3.46 $\omega L=50\ \Omega$，$\dfrac{1}{\omega C}=100\ \Omega$。

第 4 章

4.1 $I=\dfrac{U_P}{|Z|}=\dfrac{220}{10\sqrt{2}}=11\sqrt{2}\ \mathrm{A}$。

4.2 $I_B=\dfrac{\sqrt{3}}{2}\ \mathrm{A}$。

4.3 $\dot{I}_{BC}=\dfrac{\dot{I}_B}{\sqrt{3}}\angle30°=\dfrac{10}{\sqrt{3}}\angle(-60°+30°)=5.77\angle-30°\ \mathrm{A}$。

4.4 $I_A=I_C=10+\dfrac{10}{2}=15\ \mathrm{A}$，$I_B=0$。

4.5 $I_A=\sqrt{3}\dfrac{U_L}{|Z|}=\sqrt{3}\times\sqrt{3}\times\dfrac{U_P}{|Z|}=3\times1=3\ \mathrm{A}$。

4.6 $U_L=300\ \mathrm{V}$。

4.7 $Z=38\angle-30°\ \Omega$。

4.8 $\dot{I}_A=10\sqrt{3}\angle30°\ \mathrm{A}$。

4.9 $I_P=\dfrac{220}{110}=2\ \mathrm{A}$；$I_L=\sqrt{3}I_P=2\sqrt{3}\ \mathrm{A}$。

4.10 $\dot{U}_{BC}=173.2\angle-36.9°\ \mathrm{V}$。

4.11 $U_P=100\ \mathrm{V}$。

4.12 $R=7.24\ \Omega$。

4.13 $P_\triangle=3\ P_Y$。

4.14　$P=300$ W。

4.15　$P=3620$ W。

4.16　$Z=108.3\angle53.1°=(65+j86.6)$ Ω。

4.17　$\dot{I}_{AB}=7.6\angle-6.9°$ A，$\dot{I}_A=\sqrt{3}\dot{I}_{AB}\angle-30°=13.2\angle-36.9°$ A，$P=6948$ W。

4.18　$\dot{I}_A=17.32\angle-30°$ A。

4.19　电流 A_1 的读数为 43.9 A，电流表 A 的读数为 70.4 A。

4.20　$U_L=300$ V。

4.21　$P=500$ W。

第 5 章

5.1　$i_C(0_+)=\dfrac{20}{10}=2$ A。

5.2　$i_L(0_+)=i_L(0_-)=1$ A；$u_L(0_+)=-R_2i_L(0_+)=-4\times1=-4$ V；

　　　$i(0_+)=\dfrac{U}{R_1}=\dfrac{10}{6}=1.67$ A；$i_s(0_+)=i(0_+)-i_L(0_+)=1.67-1=0.67$ A。

5.3　$i(0_+)=i(0_-)=\dfrac{5}{5+5}\times4=2$ A。

5.4　$i(0_+)=i(0_-)=\dfrac{10}{10}=1$ A。

5.5　$i(0_+)=i(0_-)=\dfrac{12}{60}=0.2$ A；$u(0_+)=-1000i(0_+)=-200$ V。

5.6　$i_L(0_+)=i_L(0_-)=\dfrac{10}{3+3}=\dfrac{5}{3}$ A，$u_C(0_+)=u_C(0_-)=\dfrac{10\times3}{3+3}=5$ V，

　　　$u_L(0_+)=10-3i(0_+)-u_C(0_+)=10-5-5=0$ V。

5.7　$\tau=RC=3\times2=6$ s。

5.8　枪弹的速度 $v=472$ m/s。

5.9　$u(t)=30e^{-15t}$ V。

5.10　$i_L(t)=3+(1-3)e^{-\frac{t}{\tau}}=(3-2e^{-2t})$ A。

5.11　$u(t)=5+(-3-5)e^{-\frac{t-100}{\tau}}=(5-8e^{-\frac{t-100}{200}})$ V。

5.12　$u_C(t)=20+(0-20)e^{-\frac{3}{40}t}=20(1-e^{-\frac{3}{40}t})$ V，

　　　$i_1(t)=1+(3-1)e^{-\frac{3}{40}t}=1+2e^{-\frac{3}{40}t}$ A。

5.13　$u_C(t)=3+(-3-3)e^{-\frac{t}{\tau}}=(3-6e^{-1.19\times10^6t})$ V。

5.14　$i_L(t)=2+(0-2)e^{-\frac{t}{\tau}}=2(1-e^{-0.5t})$ A；$i_1(t)=2+(3-2)e^{-\frac{t}{\tau}}=(2+e^{-0.5t})$ A。

5.15　$i(t)=0.5e^{-\frac{t}{0.8}}$ mA。

5.16　$i(t)=(6-\dfrac{10}{3}e^{-\frac{t}{2}})$ A。

5.17　$u_C(t)=(5-0.5e^{-3t})$ V；$i_C(t)=C\dfrac{du_C}{dt}=0.75e^{-3t}$ A。

5. 18 $i(t) = \left(\dfrac{9}{2} + \dfrac{5}{6} \mathrm{e}^{-\frac{t}{0.15}} \right) \mathrm{mA}$。

5. 19 $i(t) = (6 - 4\mathrm{e}^{-5t}) \ \mathrm{A}$；$u(t) = L \dfrac{\mathrm{d}i}{\mathrm{d}t} = 10\mathrm{e}^{-5t} \ \mathrm{V}$。

5. 20 $i(t) = i_C(t) - i_L(t) = (\mathrm{e}^{-0.5t} - \mathrm{e}^{-2t}) \ \mathrm{A}$。

5. 21 $u_C(t) = (75 + 25\mathrm{e}^{-0.1t}) \ \mathrm{V}$。

5. 22 $u(t) = -8\mathrm{e}^{-4t} \ \mathrm{V}$。

5. 23 $u_C(t) = \left(\dfrac{40}{3} + \dfrac{20}{3} \mathrm{e}^{-0.5t} \right) \ \mathrm{V}$；$i(t) = \left(-\dfrac{10}{9} - \dfrac{20}{9} \mathrm{e}^{-0.5t} \right) \ \mathrm{A}$。

附录 B 《电路分析基础》常用英文词汇选编

电路的基本概念及定律

电源　source
电压源　voltage source
电流源　current source
理想电压源　ideal voltage source
理想电流源　ideal current source
伏安特性　volt-ampere characteristic
电动势　electromotive force
电压　voltage
电流　current
电位　potential
电位差　potential difference
欧姆　Ohm
伏特　Volt
安培　Ampere
瓦特　Watt
焦耳　Joule
电路　circuit
电路元件　circuit element
电阻　resistance
电阻器　resistor
电感　inductance
电感器　inductor
电容　capacitance
电容器　capacitor
电路模型　circuit model
参考方向　reference direction

参考电位　reference potential
欧姆定律　Ohm's law
基尔霍夫定律　Kirchhoff's law
基尔霍夫电压定律　Kirchhoff's voltage law(KVL)
基尔霍夫电流定律　Kirchhoff's current law(KCL)
结点　node
支路　branch
回路　loop
网孔　mesh
支路电流法　branch current analysis
网孔电流法　mesh current analysis
结点电压法　node voltage analysis
电源变换　source transformations
叠加定理　superposition theorem
网络　network
无源二端网络　passive two-terminal network
有源二端网络　active two-terminal network
戴维南定理　Thevenin's theorem
诺顿定理　Norton's theorem
开路(断路)　open circuit
短路　short circuit
开路电压　open-circuit voltage
短路电流　short-circuit current

交 流 电 路

直流电路　direct current circuit(dc)　　　无功功率　reactive power

交流电路 alternating current circuit(ac)
正弦交流电路 sinusoidal a-c circuit
平均值 average value
有效值 effective value
均方根值 root-mean-squire value(rms)
瞬时值 instantaneous value
电抗 reactance
感抗 inductive reactance
容抗 capacitive reactance
法拉 Farad
亨利 Henry
阻抗 impedance
复数阻抗 complex impedance
相位 phase
初相位 initial phase
相位差 phase difference
相位领先 phase lead
相位落后 phase lag
倒相,反相 phase inversion
频率 frequency
角频率 angular frequency
赫兹 Hertz
相量 phasor
相量图 phasor diagram
有功功率 active power

视在功率 apparent power
功率因数 power factor
功率因数补偿 power-factor compensation
串联谐振 series resonance
并联谐振 parallel resonance
谐振频率 resonance frequency
频率特性 frequency characteristic
幅频特性 amplitude-frequency response characteristic
相频特性 phase-frequency response characteristic
截止频率 cutoff frequency
品质因数 quality factor
通频带 pass-band
带宽 bandwidth（BW）
滤波器 filter
一阶滤波器 first-order filter
二阶滤波器 second-order filter
低通滤波器 low-pass filter
高通滤波器 high-pass filter
带通滤波器 band-pass filter
带阻滤波器 band-stop filter
转移函数 transfer function
波特图 Bode diagram
傅里叶级数 Fourier series

三 相 电 路

三相电路 three-phase circuit
三相电源 three-phase source
对称三相电源 symmetrical three-phase source
对称三相负载 symmetrical three-phase load
相电压 phase voltage
相电流 phase current
线电压 line voltage
线电流 line current

三相三线制 three-phase three-wire system
三相四线制 three-phase four-wire system
三相功率 three-phase power
星形连接 star connection
三角形连接 triangular connection
中性点 neutral point
中性线 neutral line

电路的暂态分析

暂态　transient state
稳态　steady state
暂态过程，暂态响应　transient response
换路定理　law of switch
一阶电路　first-order circuit

三要素法　three-factor method
时间常数　time constant
积分电路　integrating circuit
微分电路　differentiating circuit

磁路与变压器

磁场　magnetic field
磁通　flux
磁路　magnetic circuit

磁感应强度　flux density
磁通势　magnetomotive force
磁阻　reluctance

电　动　机

直流电动机　dc motor
交流电动机　ac motor
异步电动机　asynchronous motor
同步电动机　synchronous motor
三相异步电动机　three-phase asynchronous motor
单相异步电动机　single-phase asynchronous motor
旋转磁场　rotating magnetic field
定子　stator

转子　rotor
转差率　slip
启动电流　starting current
启动转矩　starting torque
额定电压　rated voltage
额定电流　rated current
额定功率　rated power
机械特性　mechanical characteristic

继电器-接触器控制

按钮　button
熔断器　fuse
开关　switch
行程开关　travel switch
继电器　relay
接触器　contactor

常开(动合)触点　normally open contact
常闭(动断)触点　normally closed contact
时间继电器　time relay
热继电器　thermal overload relay
中间继电器　intermediate relay

参 考 文 献

［1］ 李益民. 电路基础. 成都：西南交通大学出版社，2000.
［2］ 张永枫. 电子技能实训教程. 北京：清华大学出版社，2009.
［3］ 吴桂秀. 新型电子元器件检测. 杭州：浙江科学技术出版社，2005.
［4］ 刘守义. 应用电路分析. 修订版. 西安：西安电子科技大学出版社，2001.
［5］ 李源生. 电路与模拟电子技术. 2 版. 北京：电子工业出版社，2007.
［6］ 周灵彬. 基于 Proteus 的电路与 PCB 设计. 北京：电子工业出版社，2010.